小成本，創造無限可能！

ARDUINO

自走車 打造
最佳入門 輪型機器人
與應用 輕鬆學

軟硬整合的經典範例，易學易用的初學指引！

序

PREFACE

英、美、日、德等工業發達國家中，**工業型機器人**（Robot）早已成為自動化生產的發展主流。除了工業型機器人之外，**服務型機器人**也開始應用於國防、救災、醫療、運輸、農用、建築、照護等領域。機器人是集機械、電子、電機、控制、電腦、感測、人工智慧等多種先進科學技術的產品。機器人工業的興起，對於程式設計、嵌入系統、材料零組件、機電整合等研發人才的需求也與日俱增。

機器人的運動方式大致上可以分為**輪型機器人**及**足型機器人**兩種。輪型機器人具有快速移動的優點，而足型機器人則具有機動性、可步行於危險環境、跨越障礙物以及可上下階梯等優點。本書主要是在研究輪型機器人自走車的自造技術。幾十年前要自造一台自走車，不但技術複雜而且價貴昂貴，隨著開放源碼（open-source）Arduino 的出現，在軟體方面已**內建多樣化函式**簡化了周邊元件的底層控制程序，硬體方面也有**多樣化周邊模組**可供選擇。另外，網路上也提供相當豐富的共享資源，讓沒有電子、資訊相關科系背景的人，也可以快速又簡單的自造一台 Arduino 自走車。

本書為誰而寫

『Arduino 自走車最佳入門與應用』是為一些對於**機器人自走車**有興趣，卻又苦於沒有足夠知識、經驗與技術能力去開發設計的學習者而編寫。經由本書淺顯易懂的圖文解說，只要按圖施工，保證一定成功。本書並不是一本 Arduino 的基礎入門書籍，如果讀者有需要更加詳細了解 Arduino 硬體及軟體的基礎觀念，以及常用周邊模組的基礎應用等。請參考作者的另一本著作『Arduino 最佳入門與應用』，相信可以給您最佳的解決方案。

本書如何編排

本書內容已經涵蓋大多數**機器人自走車**的控制範例，使用紅外線循跡模組、RFID模組、超音波模組、紅外線遙控器、十字搖桿模組、手機觸控、手勢操控等控制方式。並且透過紅外線、RF、XBee、藍牙、Wi-Fi 等無線通訊連線控制機器人自走車。在本書中的每一章所需軟、硬體知識及相關技術都有詳細圖文解說，讀者可依自己的喜好，自行安排閱讀順序並且輕鬆組裝完成具有個人特色的 Arduino 自走車。

第 1 章『Arduino 快速入門』，快速引領讀者認識 Arduino 硬體及軟體相關知識，並且說明 Arduino 開發環境的建置及使用。另外，也提供 Arduino 語法及常用內建函式說明，以方便隨時查詢。如果要進一步了解，可至官網 arduino.cc 上閱讀。

第 2 章『基本電路原理』，本章主要是針對從未學過電子、資訊等相關知識的初學者而編寫。內容包含**電的基本概念**、**數字系統**等電學理論基礎，並且介紹**基本手工具**及**三用電表**的使用方法。如果讀者已經熟悉，可以直接跳過本章。

第 3 章『自走車實習』，認識與使用自走車所需 Arduino 板、**馬達驅動模組**、**馬達組件**、**電源電路**、**周邊擴充板**等模組。以及如何自造一台自走車，如何利用 Arduino 板來控制自走車**前進**、**後退**、**右轉**、**左轉**及**停止**等運行動作。本章是往後各章的基礎，讀者有必要詳細閱讀。

第 4 章『紅外線循跡自走車實習』，認識與使用紅外線循跡模組 CNY70 及 TCRT5000，並且利用紅外線循跡模組 TCRT5000 來控制自走車**自動運行在黑色或白色軌道上**。

第 5 章『紅外線遙控自走車實習』，認識與使用紅外線遙控器及 38kHz、940nm 紅外線接收模組，並且利用紅外線遙控器控制紅外線遙控自走車**前進**、**後退**、**右轉**、**左轉**及**停止**等運行動作。

第 6 章『手機藍牙遙控自走車實習』，認識與使用 Android 手機藍牙模組及 HC-05 藍牙模組，並且利用手機藍牙來控制藍牙遙控自走車**前進**、**後退**、**右轉**、**左轉**及**停止**等運行動作。

第 7 章『RF 遙控自走車實習』，認識與使用 RF 模組，並且使用 VirtualWire 函式庫進行 RF 無線通訊。經由十字搖桿的按壓方向，遠端控制 RF 遙控自走車**前進**、**後退**、**右轉**、**左轉**及**停止**等運行動作。

第 8 章『XBee 遙控自走車實習』，認識與使用 XBee 模組，並且使用 XBee 模組進行無線通訊。經由十字搖桿的按壓方向，遠端控制 XBee 遙控自走車**前進**、**後退**、**右轉**、**左轉**及**停止**等運行動作。

第 9 章『加速度計遙控自走車實習』，本章分兩個部份：第一個部份是經由 MMA7260

加速度計模組的重力變化，並且使用 XBee 模組進行無線通訊，遠端控制 XBee 遙控自走車**前進、後退、右轉、左轉**及**停止**等運行動作。第二個部份是經由手機加速度計的手勢控制，並且使用藍牙模組進行無線通訊，遠端控制藍牙遙控自走車**前進、後退、右轉、左轉**及**停止**等運行動作。

第 10 章『超音波避障自走車實習』，認識與使用 PING)))™ 超音波模組及伺服馬達，並且利用伺服馬達轉動超音波模組檢測自走車右方（45°）、前方（90°）及左方（135°）等三個方向的障礙物距離。經由 Arduino 板的判斷，選擇一條不會碰撞到任何障礙物的安全路線前進。

第 11 章『RFID 導航自走車實習』，認識與使用 RFID 模組，並且利用 RFID 感應器讀取 RFID 標籤運行代碼，控制自走車**前進、後退、右轉、左轉**及**停止**等運行動作。

第 12 章『Wi-Fi 遙控自走車實習』，認識與使用 Wi-Fi 模組及 HTML 網頁設計，經由手機或電腦網頁控制，利用 Wi-Fi 模組進行無線通訊，遠端控制 Wi-Fi 遙控自走車**前進、後退、右轉、左轉**及**停止**等運行動作。

本書學習資源

全書所有**程式範例**及**練習解答**都可以在隨書光碟中的 ino 資料夾中找到，直接使用 Arduino IDE 開啟，並且將檔案上傳至 Arduino 控制板中，就可以正確執行功能。各章所需的外掛函式庫也可以在隨書光碟中的 func 資料夾中找到，必須解壓縮並且存入 Arduino/libraries 資料夾中才能使用。如果需要延伸學習，也可以在作者的個人**教學資源網**：http://media.nihs.tp.edu.tw/user/yangmf/default.aspx 上找到相關資料。

致謝

本書能夠順利完成，要感謝碁峰資訊的企畫與協調，以及慧手科技有限公司的協助與全力配合，開發書中各種自走車所需的組件與模組。期盼藉由本書的學習，能讓您快快樂樂、輕輕鬆鬆地自造一台屬於自己的機器人自走車!

楊明豐

本書特色

學習最容易： Arduino 公司提供免費的 Arduino IDE 開發軟體，內建多樣化函式簡化了周邊元件的底層控制程序。本書使用開放式架構的自走車車體，電路不預製於印刷電路板（printed circuit board，簡記 PCB）車體中，創意不受限。讀者可以隨自己喜好，使用市售或自製各種感測器模組，快速、輕鬆組裝具有創意的機器人自走車。

學習花費少： Arduino 機器人自走車與樂高機器人所使用的控制器及周邊模組相比較，在功能性及靈活度上絲毫不遜色，而且可以使用最少的花費玩出大能力。

學習資源多： Arduino IDE 提供多樣化範例程式，不但在官網上可以找到多元的技術支援資料，而且網路上也提供相當豐富的共享資源。另外，硬體開發商也有多樣化周邊模組可供選擇使用，或是直接向本書合作廠商—慧手科技有限公司購買自走車開發套件。

內容多樣化： 本書內容涵蓋大多數機器人自走車的控制範例，例如紅外線循跡自走車、紅外線遙控自走車、RF 遙控自走車、XBee 遙控自走車、手機藍牙遙控自走車、手機加速度計遙控自走車、超音波避障自走車、RFID 導航自走車、Wi-Fi 遙控自走車等。另外，只要稍加修改本書的自走車範例，就可以輕鬆完成其它有趣又好玩的自走車，例如溫控自走車、聲控自走車、光控自走車、競速自走車、相撲自走車、負重自走車等。

商標聲明

☐ Arduino 是 Arduino 公司的註冊商標

☐ ATmega 是 ATMEL 公司的註冊商標

☐ Fritzing 是 FRITZING 公司的註冊商標

☐ 除了上述所列商標及名稱外，其它本書所提及均為該公司的註冊商標

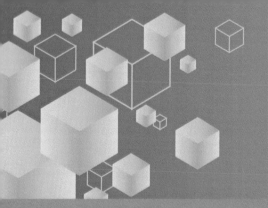

目錄

CONTENTS

Chapter 1 Arduino 快速入門

Chapter 2　基本電路原理

Chapter 3　自走車實習

Chapter 4　紅外線循跡自走車實習

Chapter 5　紅外線遙控自走車實習

Chapter 6 手機藍牙遙控自走車實習

Chapter 7 RF 遙控自走車實習

Chapter 8 XBee 遙控自走車實習

Chapter 9　加速度計遙控自走車實習

Chapter 10　超音波避障自走車實習

Appendix A　實習材料表

Appendix B　燒錄 Atmega 開機啟動程式

PDF格式電子書，請見書附光碟

Appendix C　Arduino 自走車組裝說明

PDF格式電子書，請見書附光碟

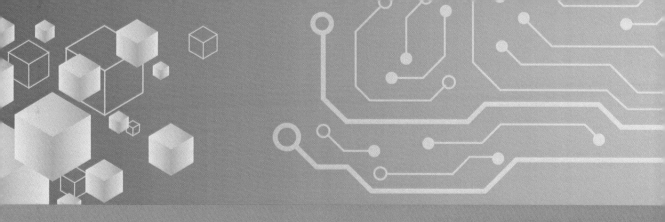

CHAPTER

Arduino 快速入門

1

1-1　認識 Arduino

Arduino 是由義大利米蘭互動設計學院 Massimo Banzi，David Cuartielles，Tom Igoe、Gianluca Martino、David Mellis 及 Nicholas Zambetti 等核心開發團隊成員所創造出來。Arduino 控制板是一塊**開放源碼（open-source）**的微控制器電路板，因其軟體源碼與硬體電路都是開放的。除了可以在 Arduino 官方網站上購買外，也可以在其它網站購買到相容的 Arduino 控制板，或是依官方所公佈的電路圖自行組裝 Arduino 控制板。如圖 1-1 所示為 Arduino 的註冊商標，使用一個無限大的符號來表示**"實現無限可能的創意"**。Arduino 原始設計的目的是希望設計師及藝術師能夠快速、簡單使用 Arduino 這項技術，設計出與真實世界互動的應用產品。

圖 1-1　Arduino 註冊商標（圖片來源：arduino.cc）

1-2　Arduino 硬體介紹

Arduino 控制板使用 ATMEL 公司所研發的低價格 ATmega AVR 系列微控制器，從第一代的 ATmega8、ATmega168，到現在的 ATmega328 等微控制器皆為 28 腳的雙列直插封裝（dual in-line package，簡記 DIP）。另外也有功能較強的 ATmega1280、ATmega2560 等微控制器。如表 1-1 所示為 ATmega 系列微控制器的內部記憶體容量比較，**最主要的差異在於使用的微控制器及 USB 介面轉換不同**。Arduino 控制板種類雖多，但程式語法與硬體連接方式大致相同，常用的 Arduino UNO 控制板使用 ATmega328 晶片。現今的 PC 電腦大多數都已經沒有 COM 序列埠的設計，因此 **Arduino 控制板採用較為通用的 USB 介面**，不需外接電源，但仍有提供電源輸入口。

表 1-1　ATmega 系列微控制器的內部記憶體容量比較

記憶體容量	ATmega8	ATmega168	ATmega328	ATmega1280	ATmega2560
Flash	8KB	16KB	32KB	128KB	256KB
SRAM	1KB	1KB	2KB	8KB	8KB
EEPROM	512bytes	512bytes	1KB	4KB	4KB

1-2-1 Duemilanove 板

如圖 1-2 所示為**早期使用**的 Arduino Duemilanove 板，內部使用 ATmega168 或 ATmega328 微控制器，並以 FIDI 公司的 USB 介面晶片來處理 USB 的傳輸通訊。Duemilanove 板使用 16 MHz 石英晶體振盪器，有 14 支數位輸入/輸出腳 0~13（其中 3、5、6、9、10、11 等 6 支腳可當作 PWM 輸出）及 6 支類比輸入腳 A0~A5，每支類比輸入腳都可以提供 **10 位元**的解析度。

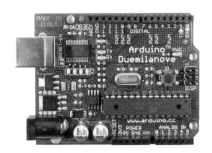

圖 1-2　Arduino Duemilanove 板（圖片來源：arduino.cc）

1-2-2 UNO 板

如圖 1-3 所示為 Arduino UNO 板，"UNO"的義大利文是"一"的意思，用來紀念 Arduino 1.0 的發布，內部使用 ATmega328 微控制器。UNO 板上有第二顆微控制器 ATmega16u2，取代 FIDI 公司的 USB 介面晶片，用來處理 USB 的傳輸通訊。UNO 板使用 16 MHz 石英晶體振盪器，有一個標準 USB 介面及一個 UART 硬體串列埠 RX、TX（數位腳 0、1）。有 14 支數位輸入/輸出腳 0~13（其中 3、5、6、9、10、11 等 6 支腳可作為 PWM 輸出）及 6 支類比輸入腳 A0~A5，提供 10 位元的解析度。**類比輸入腳 A0~A5 如果不用時，也可當數位腳 14~19 使用，最多 20 支數位 I/O 腳。**

圖 1-3　Arduino UNO 板（圖片來源：arduino.cc）

1-2-3 Leonardo 板

如圖 1-4 所示為 Arduino Leonardo 板，是將 ATmega328 及 ATmega8u2 兩個微控制器整合在 ATmega32u4 單顆微控制器中，而 USB 通訊以軟體方式來完成。Arduino Leonardo 控制板使用 16 MHz 石英晶體振盪器，有一個 Micro USB 介面、一個 UART 硬體串列埠、14 支數位輸入/輸出腳 0~13（3、5、6、9、10、11、13 等 7 支腳可當 PWM 輸出）及 12 支類比輸入腳 A0~A5、A6~A11（使用數位腳 4、6、8、9、10、12），每支類比腳提供 10 位元的解析度。**A0~A5 不用時，可以當數位腳 14~19 使用。**

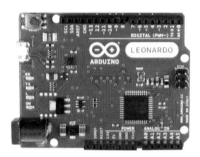

圖 1-4　Arduino Leonardo 板（圖片來源：arduino.cc）

1-2-4 DUE 板

如圖 1-5 所示為 Arduino DUE 板，使用 ATMEL SAM3X8E ARM® Cortex®-M3 CPU，是第一個使用 **32 位 ARM 內核微控制器**的 Arduino 板。DUE 板使用 84MHz 石英晶體振盪器，有 54 支數位輸入/輸出腳（其中 12 支可作為 PWM 輸出）及 12 支類比輸入腳 A0~A11，每支類比腳提供 10 位元的解析度。DUE 板另外增加兩支 12 位元數位/類比介面輸入 DAC0~DAC1（digital to analog converter，簡記 DAC）。一般 Arduino 板只有一組 UART 序列埠，DUE 板有**四組 UART 硬體串列埠（RX0~RX3、TX0~TX3）及一個 I2C 通訊介面（SCL、SDA）。**

圖 1-5　Arduino DUE 板（圖片來源：arduino.cc）

1-2-5 Mini 板

如圖 1-6 所示為 Arduino Mini 板，**與郵票大小相同**，使用 ATmega328 微控制器。Arduino Mini 板使用 16 MHz 石英晶體振盪器，**不含 USB 介面及 UART 硬體串列埠**，有 14 支數位輸入/輸出腳 0~13（其中 3、5、6、9、10、11 等 6 支腳可作為 PWM 輸出）及 8 支類比輸入腳 A0~A7，每支類比腳提供 10 位元的解析度。

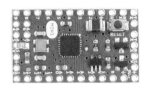

圖 1-6　Arduino Mini 板（圖片來源：arduino.cc）

1-2-6 Micro 板

如圖 1-7 所示為 Arduino Micro 板，**與郵票大小相同，可以直接插入麵包板中**，使用 ATmega32u4 微控制器，內含 1KB 的 EEPROM、2.5KB 的 SRAM 及 32KB 的 Flash 記憶體。Micro 板使用 16 MHz 石英晶體振盪器，有一個 Micro USB 介面及一個 UART 硬體串列埠，20 支數位輸入/輸出腳（其中 3、5、6、9、10、11、13 等 7 支腳可作為 PWM 輸出）及 12 支類比輸入腳 A0~A5、A6~A11（使用數位腳 4、6、8、9、10、12），每支類比輸入腳提供 10 位元的解析度。類比腳 A0~A5 如果不用，也可以當數位腳 14~19 使用。

圖 1-7　Arduino Micro 板（圖片來源：arduino.cc）

1-2-7 Nano 板

如圖 1-8 所示為 Arduino Nano 板，**與郵票大小相同**，使用 ATmega328 微控制器。Nano 板使用 16 MHz 石英晶體振盪器，有一個 Mini USB 介面及一個 UART 硬體串列埠，14 支數位輸入/輸出腳（其中 3、5、6、9、10、11 等 6 支腳可作為 PWM 輸出）及 8 支類比輸入腳 A0~A7，每支類比腳提供 10 位元的解析度。

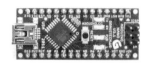

圖 1-8　Arduino Nano 板（圖片來源：arduino.cc）

1-2-8 Mega 2560 板

如圖 1-9 所示為 Arduino Mega 2560 板，使用 ATmega2560 微控制器，內含 4KB 的 EEPROM、8KB 的 SRAM 及 256KB 的 Flash 記憶體。Mega 2560 板有更多的 I/O 連接埠，以及更強的微控制器，使用 16 MHz 石英晶體振盪器，有 54 支數位輸入/輸出腳（數位腳 2~13 及 44~46 等 15 支腳可當作 PWM 輸出）及 16 支類比輸入腳 A0~A15，每支類比輸入腳提供 10 位元的解析度。**大多數的 Arduino 板只有一組 UART 硬體串列埠，Mega 板及 DUE 板有四組 UART 硬體串列埠。**

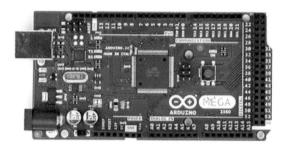

圖 1-9　Arduino Mega 2560 板（圖片來源：arduino.cc）

1-2-9 LilyPad 板

如圖 1-10 所示為 Arduino LilyPad 板，使用 ATmega168V（ATmega168 低功率版）或 ATmega328V 微控制器（ATmega328 的低功率版）。Arduino LilyPad 板主要是應用在服裝設計上，因為是**圓型設計**，所以可以像鈕扣一樣直接縫合到衣物上。

圖 1-10　Arduino LilyPad 控制板（圖片來源：arduino.cc）

1-2-10 Fio 板

如圖 1-11 所示為 Arduino Fio 板，使用 ATmega328P 微控制器，主要應用在無線網路上。Fio 板的工作電壓為 3.3V，使用 8MHz 石英晶體振盪器，有 14 支數位輸入/輸出腳（其中 3、5、6、9、10、11 等 6 支腳可當作 PWM 輸出）及 8 支類比輸入腳 A0~A7，每支類比腳提供 10 位元的解析度。

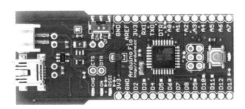

圖 1-11　Arduino Fio 板（圖片來源：arduino.cc）

1-3　Arduino 軟體介紹

Arduino 團隊為 Arduino 控制板設計一個專用的開發環境（Integrated Development Environment，簡記 IDE）軟體，具有編輯、驗證、編譯及上傳等功能，只要連上 Arduino 官方網站 arduino.cc，即可下載最新版的 IDE 軟體，將其下載並且解壓縮後即可使用，完全不需要再安裝。Arduino 使用類似 C/C++高階語言來編寫原始程式檔，**舊版副檔名為 pde，新版副檔名已改為 ino**。

在 Arduino 板中所使用的微控制器 ATMEL Atmega8/168/328 AVR 內建燒錄功能（In-System Programming，簡記 ISP）。**利用 ISP 功能將開機啟動程式（Bootloader）預先儲存在微控制器中，以簡化燒錄程序。**只需將 Arduino 板經由 USB 介面與電腦連接，不需再使用任何燒錄器，即可將程式上傳（upload）到微控制器中執行。燒錄 ATmega 開機啟動程式的方法，請參考附錄 B 有詳細說明。

1-3-1 下載 Arduino 開發環境

Arduino IDE 軟體支援 Windows、Mac OS、linux 等作業系統而且完全免費。在本節中將介紹如何下載 Arduino IDE 及其使用方法，所使用的 Arduino IDE 軟體，也可以隨時到官方網站 arduino.cc 下載更新。

STEP ❶

A. 進入官網首頁 arduino.cc
點選【Download】選項，開
啟下載畫面。

STEP ❷

A. 依自己所使用的作業系統，下
載所需的Arduino IDE軟體。

B. 點選 Windows Installer
直接安裝，或是點選 Windows
ZIP 儲存檔案並且解壓縮後，
即可開始使用，不需再安裝。

STEP ❸

A. 解壓縮後，不需要安裝即可以
直接執行，點選 Arduino 小
圖示開啟 Arduino IDE。

B. 筆者使用 Arduino-1.0.5
版，其資料夾及檔案說明如表
1-2 所示。

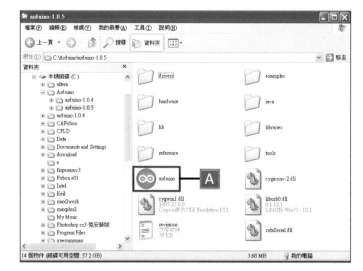

表 1-2　Arduino-1.0.5 版的資料夾及檔案說明

資料夾或檔案	功能	說明
arduino.exe	執行程式	可至官網 arduino.cc 下載最新版本。
drivers	驅動程式	不同微控制器所使用的驅動程式。
examples	範例程式	在 IDE 環境下點選【檔案】【範例】開啟內建範例程式。
libraries	程式庫	程式庫分兩個部份： 1. 由 Arduino 官方所撰寫的程式庫如 EEPROM（記憶體）、LCD（液晶顯示器）、Servo（伺服馬達）、Stepper（步進馬達）、Ethernet（乙太網路）、Wi-Fi（無線網路）、SPI（串列傳輸）、Wire（I2C 串列傳輸）等。 2. 由開發商或創客所撰寫的程式庫如 rfid-master（RFID 模組）、VirtualWire(RF 模組)、Wishield（Wi-Fi 模組）等。

1-3-2　安裝 Arduino 板驅動程式

Arduino IDE 使用 USB 介面來建立與 Arduino 板的連線，不同的 Arduino 板所使用的 USB 介面晶片不同，電腦必須正確的安裝驅動程式才能工作。早期的 Arduino 板如 Duemilanove 板，是使用 FTDI 廠商生產的通訊晶片，驅動程式可以在【drivers】資料夾中找到，必須自行安裝。**較新的 Arduino 板如 UNO 板，會自動安裝驅動程式。**

安裝 Windows XP 驅動程式

STEP ❶

A. 本書以安裝 Arduino UNO 板驅動程式來說明。將 Arduino 板以 USB 線與電腦連接。再點選【開始】【控制台】【系統】開啟『系統內容』視窗，再點選【硬體】【裝置管理員】。

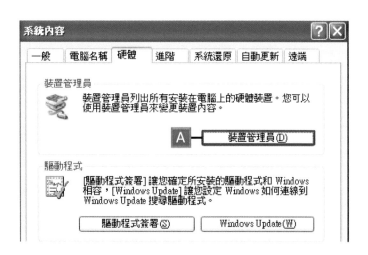

Arduino自走車最佳入門與應用
打造輪型機器人輕鬆學

STEP 2

A. 在『裝置管理員』的『連接埠
(COM 和 LPT)』中,可以看到
新增連接埠 Arduino UNO R3
(COM10)。Arduino UNO 所
使用的 COM 號碼依系統環境
而異,由系統自動配置。

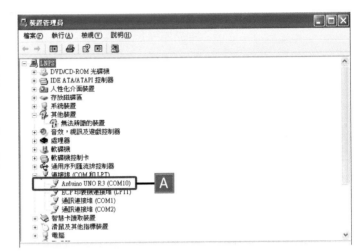

STEP 3

A. 開啟 Arduino IDE,點選
【File】【Preferences】,
進入偏好設定畫面。

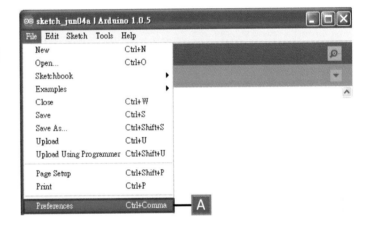

STEP 4

A. 選擇【繁體中文】選項。
B. 按下【OK】鈕重新關閉
Arduino IDE 軟體後再開
啟,設定才會生效。

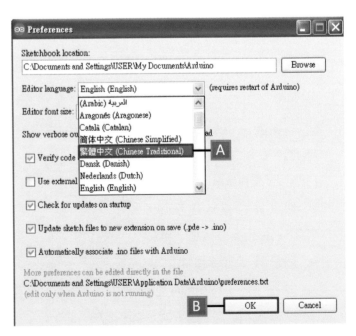

STEP 5

A. 開啟 Arduino IDE 軟體,點選【工具】【板子】,選擇所使用的控制板,本書使用 Arduino Uno 控制板。

STEP 6

A. 點選【工具】【序列埠】,選擇 Arduino Uno 所使用的序列埠 COM10。

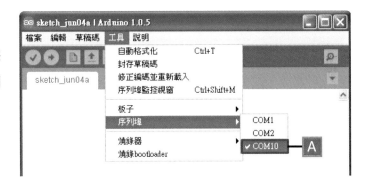

安裝 Windows 7 驅動程式

STEP 1

A. 將 Arduino 板以 USB 線與電腦連接。再點選【開始】【控制台】【系統及安全性】【裝置管理員】,開啟『裝置管理員』視窗。

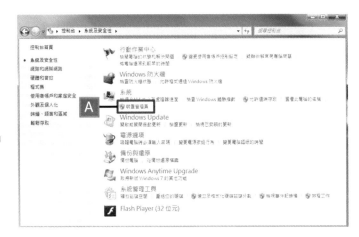

STEP 2

A. 在『裝置管理員』的『連接埠
（COM 和 LPT）』中，可以看到
新增的連接埠 Arduino Uno
（COM3）。Arduino UNO 所使
用的 COM 號碼依系統環境而
異，由系統自動配置。

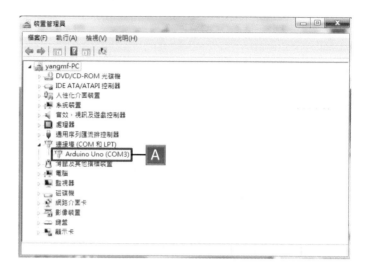

STEP 3

A. 如果要使用中文介面，可以開
啟 Arduino IDE，點選
【File】Preferences】進
入偏好設定視窗。

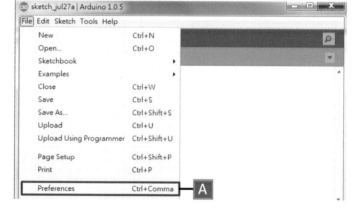

STEP 4

A. 選擇【繁體中文】選項。

B. 按下【OK】鈕關閉 Arduino
IDE 軟體後再開啟，設定才會
生效。

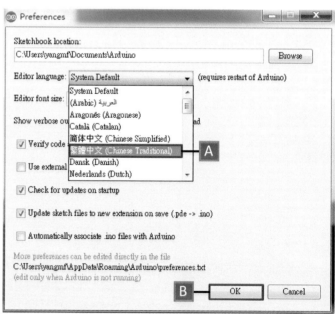

STEP 5

A. 開啟 Arduino IDE 軟體，點選【工具】【板子】，選擇所使用的控制板，本書使用 Arduino UNO 控制板。

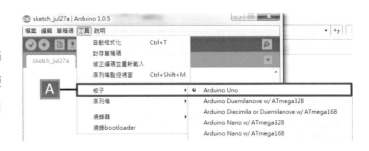

STEP 6

A. 點選【工具】【序列埠】，選擇 Arduino UNO 所使用的串列埠 COM3。

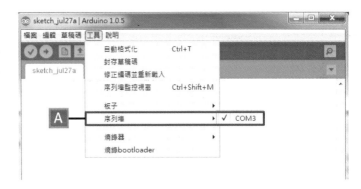

1-3-3 Arduino 開發環境使用說明

STEP 1

A. 本書使用 Windows 7 環境來介紹。以滑鼠左鍵快點兩下 arduino，開啟 Arduino IDE 軟體。

STEP 2

A. Arduino 預設檔案名稱為 sketch，並以今天日期作為結尾，讓使用者可以記得開發專案檔的日期。本例 Aug12a 代表 8 月 12 日所建立。

B. 如表 1-3 所示為 Arduino IDE 的主要功能說明。

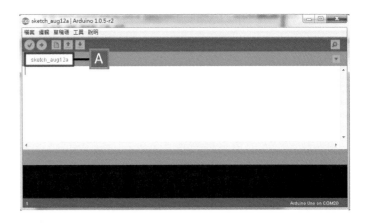

表 1-3　Arduino IDE 功能說明

快捷鈕	英文名稱	中文功能	說明
	Verify	驗證	編譯原始碼並且驗證語法是否有錯。
	Upload	上傳	將編譯後的可執行檔上傳至 Arduino 板。
	New	新增檔案	新增專案檔。
	Open	開啟舊檔	開啟副檔名 ino 的 Arduino 專案檔。
	Save	儲存檔案	儲存專案檔。
	Serial Monitor	序列埠監控視窗	又稱為終端機，是電腦與 Arduino 板的通訊介面。

1-3-4 執行第一個 Arduino 範例程式

STEP ①

A. 以 USB 線連接如右圖所示 Arduino UNO 板的 USB Type B 接口與電腦 USB Type A 埠口。

B. 檢查綠色電源 LED 燈是否有亮？若有亮代表供電正常。

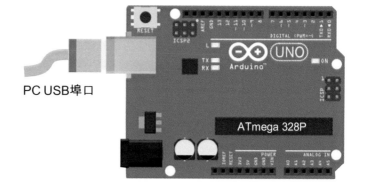

PC USB埠口

STEP ②

A. 點選資料夾中的 arduino 圖示，開啟 Arduino IDE 軟體。

B. 點選【檔案】【範例】【01.Basics】【Blink】，開啟 Blink.ini 程式檔。

C. Blink.ini 是一個可以讓數位腳 13 的 L 指示燈（橙色）閃爍的小程式。

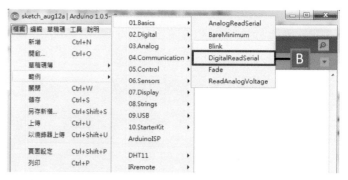

STEP 3

A. 點選上傳 鈕，編譯並上傳專案檔至 Arduino UNO 板上。

B. 上傳過程中，在訊息列會出現『上傳中⋯』訊息。上傳完成後會出現『上傳完畢』訊息。

C. 檢視 Arduino UNO 板上連接至數位腳 13 的 L 指示燈（橙色）是否能夠正確閃爍？如果正確閃爍，表示上傳成功。

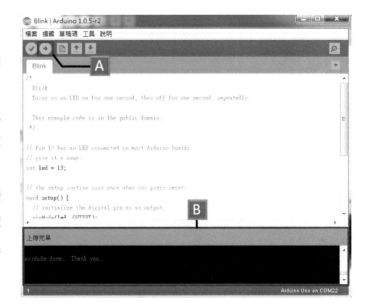

何謂 USB

　　串列埠（ Serial port ）主要用於資料的串列傳輸，一般電腦常見的串列埠標準協定為 RS-232，可分為 9 針及 25 針兩種 D 型接頭型式，在電腦中的代號為 COM。因為 RS-232 協定的傳輸速率較慢，已經被傳輸速率較快的 USB 介面所取代。USB 是通用序列匯流排（ Universal Serial Bus ）的縮寫，是連接電腦與外部裝置的一種串列埠匯流排標準。USB1.1 的傳輸速率為 12Mbps，USB2.0 的傳輸速率為 480Mbps，而 USB3.0 的傳輸速率為 5Gbps。

　　如圖 1-12 所示為 USB 的接頭種類，依其大小可以分成標準型 Type-A、Type-B，Mini 型 Mini-A、Mini-B 及 Micro 型 Micro-A、Micro-B 等三種型式。USB 支援熱插拔（ hot-plugging ），主要接腳為電源 V_{BUS}（ 1 腳 ）、GND(4 腳或 5 腳)及訊號 D+（ 2 腳 ）、D-（ 3 腳 ）。Arduino 所使用的標準型 USB 線，連接至電腦端的為 Type A 接頭，連接至 Arduino 控制板端的為 Type B 接頭。在 Arduino 控制板上有一個介面晶片負責將 USB 訊號轉換成 COM 訊號，再由電腦為所連接的 Arduino 控制板配置一個 COM 代號，使用起來相當簡單。

(a) 標準型　　　　　(b) Mini 型　　　　　(c) Micro 型

圖 1-12　USB 接頭種類

Arduino自走車最佳入門與應用
打造輪型機器人輕鬆學

1-4 Arduino 語言基礎

Arduino 程式與 C 語言程式很相似，但語法更簡單而且易學易用，完全將微控制器中複雜的暫存器設定編寫成函式，使用者只需輸入參數到函式中即可。Arduino 程式主要是由**結構（structure）**、**數值（values）**及**函式（functions）**等三個部份組成。

如圖 1-13 所示 Arduino 的範例程式，在結構部份中包含 setup( )及 loop( )兩個函式，不可省略。setup( )函式是用來設定變數初值及接腳模式等，在每次通電或重置 Arduino 控制板時，setup( )**函式只會被執行一次。loop()函式由其名稱"loop"暗示執行"迴圈"的動作，控制 Arduino 板重覆執行所需的功能。**Arduino 程式的數值部份主要是在設定公用變數或設定接腳代號等。有時侯也會加上註解來增加程式的可讀性，單行註解使用雙斜線"//"，而多行註解則使用單斜線及星號"/*"做為註解開頭，而註解結尾則使用星號及單斜線"*/"來結束。

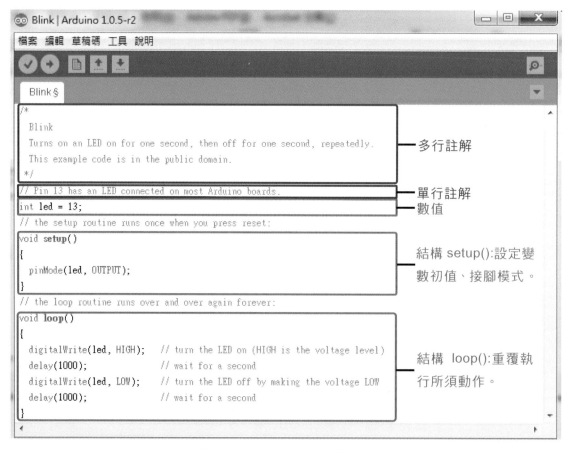

圖 1-13　Arduino 的範例程式

1-4-1 變數與常數

在 Arduino 程式中常使用**變數（variables）**與**常數（constants）**來取代記憶體的實際位址，好處是程式設計者不需要知道那些位址是可以使用的，而且程式將會更**容易閱讀與維護**。一個變數或常數的宣告是為了保留記憶體空間給某個資料來儲存，至於是安排那一個位址，則是由編譯器統一來分配。

變數名稱

Arduino 語言的變數命名規則與 C 語言相似，第一個字元不可以是數字，必須是以英文字母或底線符號"_"為開頭，再緊接著字母或數字。我們在命名變數名稱時，應該以**容易閱讀為原則**，例如 col、row 代表行與列，就比 i、j 更容易了解。

資料型態

如表 1-4 所示為 Arduino 的資料型態，由於每一種資料型態（Data Types）在記憶體中所佔用的空間不同，因此在宣告變數的同時，也必須指定變數的資料型態，編譯器才能夠配置適當大小的記憶體空間給這些變數來存放。

在 Arduino 語言中所使用的資料型態大致可分成**布林(boolean)**、**整數(integer)**及**浮點數（float）**等三種。布林資料型態 boolean 只有 true 及 false 兩種結果，是用來提高程式的可讀性。整數資料型態有 char（**字元**）、int（**整數**）、long（**長整數**）等三種，配合 signed（**有號數**）、unsigned（**無號數**）等前置修飾字組合，可以改變資料的範圍。浮點數資料型態有 float、double 等兩種，常應用於需要更高解析度的類比輸入值。在 Arduino 程式中可以使用 char(x)、byte(x)、int(x)、word(x)、long(x)、float(x)等資料型態轉換函式來改變變數的資料型態，引數 x 可以是任何型態的資料。

表 1-4　資料型態

資料型態	位元數	範圍
boolean	8	true（定義為非 0），false（定義為 0）
char	8	−128~+127
unsigned char	8	0~255
byte	8	0~255
int	16	−32,768~+32,767
unsigned int	16	0~65,535

資料型態	位元數	範圍
word	16	0~65,535
long	32	−2,147,483,648~+2,147,483,647
unsigned long	32	0~4,294,967,295
short	16	−32,768~+32,767
float	32	−3.4028235E+38~+3.4028235E+38
double	32	−3.4028235E+38~+3.4028235E+38

變數宣告

　　宣告一個變數必須指定**變數名稱**及**資料型態**，當變數的資料型態指定後，編譯器將會配置適當的記憶體空間來儲存這個變數。如果一個以上的變數具有相同的變數型態，也可以只用一個資料型態的名稱來宣告，而變數之間再用**逗號分開**。如果變數有初值時，也可以在宣告變數的同時一起設定。

範例

int	ledPin=10;	//宣告整數變數 ledPin，初始值為 10。
char	myChar='A';	//宣告字元變數 myChar，初始值為'A'。
float	sensorVal=12.34;	//宣告浮點數 sensorVal，初始值為 12.34。
int	year=2015,moon=8,day=12;	//宣告整數變數 year、moon、day 及其初值。

變數的生命週期

　　所謂變數的生命週期是指變數保存某個數值，佔用記憶體空間的時間長短，可以區分為**全域變數（global variables）**及**區域變數（local variables）**兩種。

　　全域變數被宣告在任何函式之外。當執行 Arduino 程式時，全域變數即被產生並且配置記憶體空間給這些全域變數，在程式執行期間，都能保存其數值，直到程式結束執行時，才會釋放這些佔用的記憶體空間。全域變數並不會禁止與其無關的函式作存取動作，因此在使用上要特別小心，避免變數數值可能被不經意地更改。因此除非有特別需求，否則還是儘量使用區域變數。

　　區域變數又稱為自動變數，被宣告在函式的大括號"{ }"內。當函式被呼叫使用時，這些區域變數就會自動產生，系統會配置記憶體空間給這些區域變數，當函式結束時，這些區域變數又自動消失並且釋放所佔用的記憶體空間。

1-4-2 運算子

電腦除了能夠儲存資料之外,還必須具備運算的能力,而在運算時所使用的符號,即稱為運算子(operator)。常用的運算子可分為**算術運算子、關係運算子、邏輯運算子、位元運算子**及**複合運算子**等五種。當敘述中包含不同運算子時,Arduino 微控制器會先執行算術運算子,其次是關係運算子、位元運算子、邏輯運算子,最後才是複合運算子,我們也可以**使用小括號"( )"來改變運算的優先順序**。

算術運算子

如表 1-5 所示算術運算子(Arithmetic Operators),當運算式中有一個以上的算術運算子時,先進行乘法、除法與餘數運算,再計算加法與減法的運算。若算式中的算術運算子具有相同優先順序時,**由左而右依序計算**。

表 1-5 算術運算子

算術運算子	動作	範例	說明
+	加法	a+b	a 內含值與 b 內含值相加。
-	減法	a-b	a 內含值與 b 內含值相減。
*	乘法	a*b	a 內含值與 b 內含值相乘。
/	除法	a/b	取 a 內含值除以 b 內含值的商數。
%	餘數	a%b	取 a 內含值除以 b 內含值的餘數。
++	遞增	a++	a 的內含值加 1,即 a=a+1。
－ －	遞減	a－ －	a 的內含值減 1,即 a=a-1。

範例

```
void setup()
{}
void loop()
{
        int a=20,b=3,c,d,e,f;          //宣告整數變數 a、b、c、d、e、f 及其初值。
        c=a+b;                         //加法運算,c=23。
        d=a-b;                         //減法運算,d=17。
        e=a/b;                         //除法運算,e=6。
        f=a%b;                         //餘數運算,f=2。
```

```
        a++;                        //遞增 1，a=21。
        b--;                        //遞減 1，b=2。
    }
```

關係運算子

如表 1-6 所示關係運算子(Comparison Operators)，比較兩個運算元的值，然後傳回布林（boolean）值。**當關係式成立時，傳回布林值 true；當關係式不成立時，傳回布林值 false。**關係運算子的優先順序都相同，依照出現的順序由左而右依序執行。

表 1-6　關係運算子

比較運算子	動作	範例	說明
==	等於	a==b	若 a 等於 b 則結果為 true，否則為 false。
!=	不等於	a!=b	若 a 不等於 b 則結果為 true，否則為 false。
<	小於	a<b	若 a 小於 b 則結果為 true，否則為 false。
>	大於	a>b	若 a 大於 b 則結果為 true，否則為 false。
<=	小於等於	a<=b	若 a 小於或等於 b 則結果為 true，否則為 false。
>=	大於等於	a>=b	若 a 大於或等於 b 則結果為 true，否則為 false。

範例

```
void setup()
{ }
void loop()
{
    int val=analogRead(A0);        //讀取 A0 類比輸入腳轉換後的數位值。
    if(val>100)                    //val 大於 100?
        digitalWrite(13,HIGH);     //若 val 大於 100 則點亮 pin13 的 LED。
    else
        digitalWrite(13,LOW);      //val 小於或等於 100，則關閉 pin13 的 LED。
}
```

邏輯運算子

如表 1-7 所示邏輯運算子（Boolean Operators），在邏輯運算中，若結果不是 0 即為真（true），若結果為 0 即為假（false）。對**及（AND）**運算而言，兩數皆為真時，結果才為真。對**或（OR）**運算而言，有任一數為真時，其結果即為真。對**反（NOT）**

運算而言，若數值原為真，反運算後變為假；若數值原為假，反運算後變為真。

表 1-7　邏輯運算子

邏輯運算子	動作	範例	說明
&&	AND	a&&b	a 與 b 兩變數執行邏輯 AND 運算。
||	OR	a||b	a 與 b 兩變數執行邏輯 OR 運算。
!	NOT	!a	a 變數執行邏輯 NOT 運算。

範例

```
void setup()
{ }
void loop()
{    boolean a=true,b=false,c,d,e;    //宣告布林變數 a、b、c、d、e。
     c=a&&b;                         //a、b 兩變數作邏輯 AND 運算，c=false。
     d=a||b;                         //a、b 兩變數作邏輯 OR 運算，d=true。
     e=!a;                           //a 變數作邏輯 NOT 運算，e=false。
}
```

位元運算子

　　如表 1-8 所示位元運算子（Bitwise Operators），是將兩變數的**每一個位元皆作邏輯運算**，位元值 1 為真，位元值 0 為假。對右移位元運算而言，若變數為無號數，則執行右移位元運算後，填入最高位元的位元值為 0；若變數為有號數，則填入最高位元的位元值為最高位元本身。對左移位元運算而言，無論是無號數或有號數，填入最低位元的位元值皆為 0。

表 1-8　位元運算子

位元運算子	動作	範例	說明
&	AND	a&b	a 與 b 兩變數的每一相同位元執行 AND 邏輯運算。
|	OR	a|b	a 與 b 兩變數的每一相同位元執行 OR 邏輯運算。
^	XOR	a^b	a 與 b 兩變數的每一相同位元執行 XOR 邏輯運算。
~	補數	~a	將 a 變數中的每一位元反相(0、1 互換)。
<<	左移	a<<4	將 a 變數內含值左移 4 個位元。
>>	右移	a>>4	將 a 變數內含值右移 4 個位元。

範例

```
void setup()
{ }
void loop()
{
        char a=0b00100101;              //宣告字元變數 a=0b00100101(二進值)。
        char b=0b11110000;              //宣告字元變數 b=0b11110000(二進值)。
        unsigned char c=0x80;           //宣告無號數字元變數 c=0x80(十六進值)。
        unsigned char d,e,f,l,m,n;       //宣告無號數字元變數 d、e、f、l、m、n。
        d=a&b;                          //a、b 兩變數執行位元 AND 邏輯運算，d=0x20。
        e=a|b;                          //a、b 兩變數執行位元 OR 邏輯運算，e=0xf5。
        f=a^b;                          //a、b 兩變數執行位元 XOR 邏輯運算，f=0xd5。
        l=~a;                           //a 變數執行位元反 NOT 邏輯運算，l=0xda。
        m=b<<1;                         //b 變數內容左移 1 位元，m=0xe0。
        n=c>>1;                         //c 變數內容右移 1 位元，n=0x40。
}
```

複合運算子

　　如表 1-9 所示複合運算子（Compound Operators），是將運算子與等號結合以減化運算式。

表 1-9　複合運算子

複合運算子	動作	範例	說明
+=	加	a+=b	與 a=a+b 運算式相同。
-=	減	a-=b	與 a=a-b 運算式相同。
*=	乘	a*=b	與 a=a*b 運算式相同。
/=	除	a/=b	與 a=a/b 運算式相同。
%=	餘數	a%=b	與 a=a%b 運算式相同。
<<=	左移	a<<=2	與 a=a<<2 運算式相同。
>>=	右移	a>>=2	與 a=a>>2 運算式相同。
&=	位元 AND	a&=b	與 a=a&b 運算式相同。
|=	位元 OR	a|=b	與 a=a|b 運算式相同。
^=	位元 XOR	a^=b	與 a=a^b 運算式相同。

範例

```
void setup()
{ }
void loop()
{
        int x=2;                          //宣告整數變數 x，設定初值為 2。
        char a=0b00100101;                //宣告字元變數 a=0b00100101(二進值)。
        char b=0b00001111;                //宣告字元變數 b=0b00001111(二進值)。
        x+=4;                             //x=x+4=2+4=6。
        x-=3;                             //x=x-3=6-3=3。
        x*=10;                            //x=x*10=3*10=30。
        x/=2;                             //x=x/2=30/2=15。
        x%=2;                             //x=x%2=15%2=1。
        a&=b;                             //a=a&b=0b00000101。
        a|=b;                             //a=a|b=0b00001111。
        a^=b;                             //a=a^b=0b00000000。
}
```

運算子的優先順序

　　運算式結合常數、變數及運算子就能夠產生一個數值，當運算式中有超過一個以上的運算子時，運算子的優先順序如表 1-10 所示。如果不能夠確定運算子的優先順序，**可以使用小括號"( )"將要優先運算的運算式括起來**，比較不會產生錯誤。

表 1-10　運算子的優先順序

優先順序	運算子	說明
1	( )	括號
2	~，！	補數，NOT 運算
3	++，--	遞增，遞減
4	*，/，%	乘法，除法，餘數
5	+，-	加法，減法
6	<<，>>	左移位，右移位
7	<>，<=，>=	不等於，小於等於，大於等於
8	==，!=	相等、不等
9	&	位元 AND 運算

優先順序	運算子	說明
10	^	位元 XOR 運算
11	|	位元 OR 運算
12	&&	邏輯 AND 運算
13	||	邏輯 OR 運算
14	*= , /= , %/ , += , -= , &= , ^= , |=	複合運算

1-4-3 Arduino 程式流程控制

所謂程式流程控制，是指控制程式執行的方向，Arduino 程式流程控制可分成三大類，即**迴圈控制指令**：for、while、do…while，**條件控制指令**：if、switch case，及**無條件跳躍指令**：goto、break、continue。

迴圈控制指令：for 迴圈

如圖 1-14 所示 for 迴圈是由**初值運算式、條件運算式及增量或減量運算式**三個部份組成，彼此之間以分號隔開。初值運算式可以設定為任何數值，若條件運算式為真，則執行括號"{ }"中的敘述，若條件運算式為假，則離開 for 迴圈。每執行一次 for 迴圈內的動作後，依增量遞增或依減量遞減。

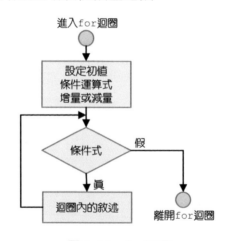

圖 1-14 for 迴圈

格式：for(初值; 條件; 增量或減量) { }

範例：void setup()

{ }

```
    void loop()
    {
        int i,s=0;                //宣告整數變數 i、s。
        for(i=0;i<=10;i++)        //當 i 小於或等於 10 時,執行 for 迴圈。
            s=s+i;                //s=1+2+…+10=55。
    }
```

迴圈控制指令:while 迴圈

如圖 1-15 所示 while 迴圈為**先判斷型迴圈**,while **迴圈可能一次都沒有執行**。當條件式為真時,則執行大括號"{ }"中的敘述,直到條件式為假時,才結束 while 迴圈。在 while 條件式中沒有初值運算式及增量(或減量)運算式,必須在敘述中設定。

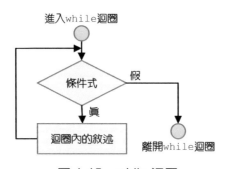

圖 1-15   while 迴圈

格式:while(條件式){ }

```
範例:void setup()
    {}
    void loop()
    {   int i=0,s=0;              //宣告整數變數 i、s。
        while(i<=10)             //當 i 小於或等於 10 時,執行 while 迴圈。
        {
            s=s+i;              //s=1+2+3+…+10=55。
            i++;                //i 遞增 1。
        }
    }
```

迴圈控制指令:do-while 迴圈

如圖 1-16 所示 do-while 迴圈為**後判斷型迴圈**,會先執行大括號"{ }"中的敘述一次,然後再判斷條件式,因此 do-while **迴圈至少執行一次**。當條件式為真時,則執行大括號"{ }"中的動作，直到條件式為假，才結束 do-while 迴圈。

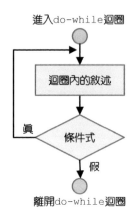

進入do-while迴圈

迴圈內的敘述

真

條件式

假

離開do-while迴圈

圖 1-16　do-while 迴圈

格式：do {　} while(條件式)

範例：void setup()
　　　{ }
　　　void loop()
　　　{
　　　　　int i=0,s=0;　　　　　　　//宣告整數變數 i、s。
　　　　　do
　　　　　{
　　　　　　　s=s+i;　　　　　　　//s=1+2+3+…+10。
　　　　　　　i++;　　　　　　　//i 遞增。
　　　　　}
　　　　　while(i<=10)　　　　　//當 i 小於或等於 10 時，執行 do-while 迴圈。
　　　}

條件控制指令：if 敘述

　　如圖 1-17 所示 if 敘述會先判斷條件式，若條件式為真時，則執行**一次**大括號"{ }"中的敘述；若條件式為假時，則不執行。**在 if 敘述內如果只有一行敘述時，可以不用加大括號"{ }"。如果有一行以上敘述時，必要加上大括號"{ }"，如果沒有加上大括號，則條件式成立時，只會執行 if 敘述內的第一行敘述。**

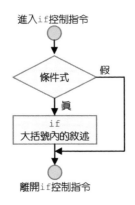

圖 1-17　if 敘述

格式：if (條件式) { }

範例：void setup()
　　{ }
　　void loop()
　　{
　　　　int a=2,b=3,c=0;　　　　　//宣告整數變數。
　　　　if(a>b)　　　　　　　　　//a 大於 b?
　　　　c=a;　　　　　　　　　　//因 a 小於 b，則 c=0。
　　}

條件控制指令：if-else 敘述

　　如圖 1-18 所示 if-else 敘述會先判斷條件式，若條件式為真時，則執行 if 內的敘述，若條件式為假時，則執行 else 內的敘述。**在 if 敘述或 else 敘述內，如果只有一行敘述時，可以不用加大括號"{ }"。如果有一行以上敘述時，一定要加上大括號"{ }"，否則只會執行第一行敘述，而造成誤動作。**

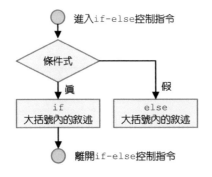

圖 1-18　if-else 敘述

格式：if (條件式) { } else { }

範例：void setup()
　　　{ }
　　　void loop()
　　　{
　　　　int a=3,b=2,c=0;　　　　　//宣告整數變數 a、b、c。
　　　　if(a>b)　　　　　　　　　//a 大於 b?
　　　　　　c=a;　　　　　　　　//若 a 大於 b，則 c=a。
　　　　else　　　　　　　　　　//a 小或等於 b。
　　　　　　c=b;　　　　　　　　//a 小於或等於 b，則 c=b。
　　　}

條件控制指令：巢狀 if-else 敘述

　　　如圖 1-19 所示巢狀 if-else 敘述，使用巢狀 if-else 敘述時必須注意 if 與 else 的配合，其原則是 else **要與最接近且未配對的 if 配成一對**，通常我們都是以 Tab 定位鍵或空白字元來對齊 if-else 配對，才不會有錯誤動作出現。**在 if 敘述或 else 敘述內，如果只有一行敘述時，可以不用加大括號"{ }"。如果有一行以上敘述時，一定要加上大括號"{ }"，否則只會執行第一行敘述，而造成誤動作。**

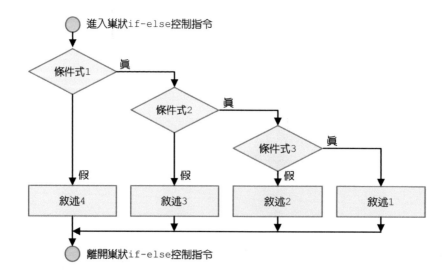

圖 1-19　巢狀 if-else 敘述

```
格式：
if( 條件 1)
    if( 條件 2)
        if( 條件 3) {敘述 1}
        else {敘述 2}
    else {敘述 3}
else {敘述 4}
```

```
範例：void setup()
      { }
      void loop()
      {
          int score=75;
          char grade;
          if(score>=60)                    //成績大於或等於 60 分?
              if(score>=70)                //成績大於或等於 70 分?
                  if(score>=80)            //成績大於或等於 80 分?
                      if(score>=90)        //成績大於或等於 90 分?
                          grade='A';       //成績大於或等於 90 分，等級為 A。
                      else                 //成績在 80~89 分之間。
                          grade='B';       //成績在 80~89 分之間，等級為 B。
                  else                     //成績在 70~79 分之間。
                      grade='C';           //成績在 70~79 分之間，等級為 C。
              else                         //成績在 60~69 分之間。
                  grade='D';               //成績在 60~69 分之間，等級為 D。
          else                             //成績小於 60 分。
              grade='E';                   //成績小於 60 分，等級為 E。
      }
```

條件控制指令：if-else if 敘述

　　如圖 1-20 所示 if-else if 敘述，使用 if-else if 敘述時必須注意 if 與 else if 的配合，其原則是 else if 要與最接近且未配對的 if 配成一對，通常我們都是以 Tab 定位鍵或空白字元來對齊 if-else 配對，才不會有錯誤動作出現。**在 if 敘述或 else 敘述內，如果只有一行敘述時，可以不用加大括號"{ }"。如果有一行以上敘述時，一定要加上大括號"{ }"，否則只會執行第一行敘述，而造成誤動作。**

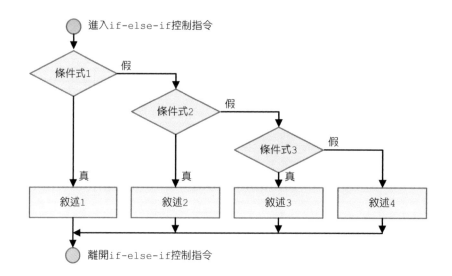

圖 1-20　if-else if 敘述

```
格式：
if( 條件 1 ) {敘述 1}
else if( 條件 2 ) {敘述 2}
else if( 條件 3 ) {敘述 3}
else {敘述 4}
```

範例：void setup()
　　　{ }
　　　void loop()
　　　{
　　　　　int score=75;　　　　　　　　　　　//成績。
　　　　　char grade;　　　　　　　　　　　//等級。
　　　　　if(score>=90 && score<=100)　　　　//成績在 90~100 分之間？
　　　　　　　grade='A';　　　　　　　　　//成績在 90~100 分之間，等級為 A。
　　　　　else if(score>=80 && score<90)　　　//成績在 80~89 分之間？
　　　　　　　grade='B';　　　　　　　　　//成績在 80~89 分之間，等級為 B。
　　　　　else if(score>=70 && score<80)　　　//成績在 70~79 分之間？
　　　　　　　grade='C';　　　　　　　　　//成績在 70~79 分之間，等級為 C。
　　　　　else if(score>=60 && score<70)　　　//成績在 60~69 分之間？
　　　　　　　grade='D';　　　　　　　　　//成績在 60~69 分之間，等級為 D。
　　　　　else　　　　　　　　　　　　　//成績小於 60 分。
　　　　　　　grade='E';　　　　　　　　　//成績小於 60 分，等級為 E。
　　　}
```
```

條件控制指令：switch-case 敘述

如圖 1-21 所示 switch-case 敘述，與 if-else if 敘述類似，但 switch-case 敘述的格式較清楚而且有彈性。**if-else if 敘述是二選一的程式流程控制指令，而 switch-case 則是多選一的程式流程控制指令。**在 switch 內的條件式運算結果必須是整數或字元，switch 以條件式運算的結果與 case 所指定的條件值比對，若與某個 case 中的條件值比對相同，則執行該 case 所指定的敘述，若所有的條件值都不符合，則執行 default 所指定的敘述。如果要結束 case 中的動作，可以使用 break 敘述，但是一次只能跳出一層迴圈，如果要一次結束多個迴圈，可以使用 goto 指令，但程式的流程將變得更凌亂，所以**應儘量少用或不用 goto 指令。**

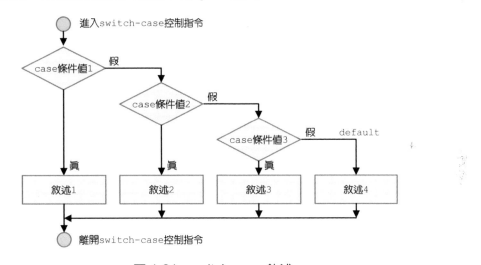

圖 1-21　switch-case 敘述

```
格式：
switch ( 條件式 )
{    case  條件值 1:
          { 敘述 1;}
         break;
     case  條件值 2:
          { 敘述 2;}
         break;
     default:
          { 敘述 n;}
}
```

```
範例：void setup()
      { }
      void loop()
      {
            int score=75;              //成績。
            int value;                 //數值。
            char grade;                //等級。
            value=score/10;            //取出成績十位數值。
            switch(value)
            {                          //以成績十位數值作為判斷條件。
                  case 10:             //成績為 100 分。
                        grade='A';     //成績為 100 分，等級為 A。
                        break;         //結束迴圈。
                  case 9:              //成績在 90~99 分之間?
                        grade='A';     //成績在 90~99 分之間，等級 A。
                        break;         //結束迴圈。
                  case 8:              //成績在 80~89 分之間?
                        grade='B';     //成績在 80~89 分之間，等級 B。
                        break;         //結束迴圈。
                  case 7:              //成績在 70~79 分之間?
                        grade='C';     //成績在 70~79 分之間，等級 C?
                        break;         //結束迴圈。
                  case 6:              //成績在 60~69 分之間?
                        grade='D';     //成績在 60~69 分之間，等級為 D。
                        break;         //結束迴圈。
                  default:             //成績在小於 60 分。
                        grade='E';     //成績在小於 60 分，等級為 E。
                        break;         //結束迴圈。
            }
      }
```

無條件跳躍指令：goto 敘述

如圖 1-22 所示 goto 敘述，可以結束所有迴圈的執行，但是為了程式的結構化，應盡量少用 goto 敘述，因為使用 goto 敘述會造成程式流程的混亂，使得程式閱讀更加困難。goto 敘述所指定的標記（label）名稱必須與 goto 敘述在同一個函式內，不能跳到其它的函式內。**標記名稱與變數寫法相同，區分是標記名稱後面須加冒號。**

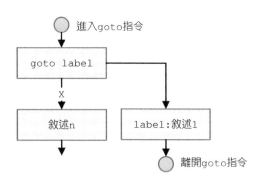

圖 1-22　goto 敘述

格式：goto 標記名稱 label

範例：void setup()

    { }

    void loop()

    {

        int i,j,k;　　　　　　　　　　　　//宣告整數變數 i,j,k。

        for(i=0;i<1000;i++)　　　　　　　//i 迴圈。

            for(j=0;j<1000;j++)　　　　　　//j 迴圈。

                for(k=0;k<1000;k++)　　　　//k 迴圈。

                    if(analogRead(0)>500)　//類比接腳 0 讀值大於 500？

                      goto exit;　　//類比輸入 A0 值>500，結束 i,j,k 迴圈。

        exit:　　　　　　　　　　　　　//標記 exit。

        digitalWrite(13,HIGH);　　　　　// A0 值>500，設定 p13 狀態為 HIGH。

    }

1-4-4　陣列

所謂陣列（array）是指存放在連續記憶體中的一群**相同資料型態**的集合，陣列也如同變數一樣需要先宣告，編譯器才會知道陣列的資料型態及陣列大小。陣列宣告包含**資料型態**、**陣列名稱**、**陣列大小**及**陣列初值**等四個部份。

1. **資料型態**：在陣列中每個元素的資料型態都相同。

2. **陣列名稱**：命令規則與變數宣告方法相同。

3. **陣列大小**：必須指定陣列大小，編譯器才能配置記憶體，陣列可以是多維的。

4. **陣列初值**：與變數相同，可以事先指定陣列初值或不指定。

```
格式：

資料型態    陣列名[陣列大小 n]={初值 0,初值 1,…,初值 n-1};         //一維陣列。

資料型態    陣列名[m][n]={{初值 0,初值 1,…初值 n-1},            //二維陣列:第 1 列。

                       {初值 0,初值 1,…初值 n-1},            //二維陣列:第 2 列。

                                    :

                       {初值 0,初值 1,…初值 n-1}};           //二維陣列:第 m 列。
```

範例：void setup()
    { }
    void loop()
    {
        int a[5]={0,1,2,3,4}   //宣告一維整數陣列。
        int b[2][3]={ {0,1,2},{3,4,5} };   //宣告二維整數陣列。
    }

1-4-5 前置命令

前置命令類似組合語言中的虛擬指令，是針對編譯器所下的指令，Arduino 語言在程式編譯之前會將程式中含有"#"記號的敘述先行處理，這個動作稱為前置處理，是由前置命令處理器（preprocessor）負責。**前置命令可以放在程式的任何地方，但是通常都放在程式的最前面。**

#include 前置命令

使用#include 前置命令可以將一個標頭檔案載入至一個原始檔案中，標頭檔必須以 h 為附加檔名。在#include 後面的標頭檔有兩種敘述方式，一是使用雙引號" "，另一是使用角括號"< >"。如果是以雙引號將標頭檔名包圍，則前置命令處理器會先從原始檔案所在目錄開始尋找標頭檔，找不到時再到其它目錄中尋找。如果是以角括號將標頭檔名包圍，則前置命令處理器會先從標頭目錄中尋找。

在 Arduino 語言中定義了一些實用的周邊標頭檔，以簡化程式設計，如 EEPROM 記憶體（EEPROM.h）、伺服馬達（Servo.h）、步進馬達（Stepper.h）、SD 卡（SD.h）、LCD 顯示器（LiquidCrystal.h）、TFT 顯示器（TFT.h）、乙太網路（Ethernet.h）、無線 WiFi（WiFi.h）、SPI 介面（SPI.h）、I2C 介面（Wire.h）、聲音介面（Audio.h）及 USB 介面（USBHost.h）等。

格式：#include　<標頭檔> 或 #include "標頭檔"

範例：#include <Servo.h>	//載入 Servo.h 標頭檔案。
Servo myservo;	//定義 Servo 物件。
int pos=0;	//伺服器轉動角度。
void setup()	
{	
myservo.attach(9);	//伺服器 servo 控制訊號腳連接至 Arduino 板數位腳 9。
}	
void loop()	
{}	

#define 前置命令

使用#define 前置命令可以定義一個巨集名稱來代表一個字串，這個字串可以是一個常數、運算式或是含有引數的運算式。當程式中有使用到這個巨集名稱時，前置處理器就會將這些巨集名稱以其所代表的字串來替換，使用愈多次相同巨集名稱時，就會佔用更多的記憶體空間，而函式只會佔用定義一次函式所需的記憶體空間。**雖然巨集較函式佔用較多的記憶體空間，但是執行速度較函式快。**

格式：#define　巨集名稱　字串

範例：#define PI 3.14159	//定義巨集　PI=3.14159。
#define AREA(x) PI*x*x	//定義巨集　AREA(X)=PI*x*x。
void setup()	
{}	
void loop()	
{	
float result=AREA(2);	//計算圓面積，result=12.57。
}	

1-4-6 函式

所謂函式(function)是指將一些常用的敘述集合起來，並且以一個名稱來代表，如同在組合語言中的副程式。當主程式必須使用到這些敘述集合時，再去呼叫執行此函式，如此不但可以減少程式碼的重覆，同時也增加了程式的可讀性。在呼叫執行函式之前，都必須先宣告該函式，而且傳給函式的引數資料型態及函式傳回值的資料型態，都必須與函式原型定義的相同。

函式原型

所謂函式原型是指傳給函式的引數資料型態與函式傳回值的資料型態。函式原型的宣告包含函式名稱、傳給函式的引數資料型態及函式傳回值的資料型態。當被呼叫的函式要傳回數值時，函式的最後一個敘述必須使用 return 敘述。使用 return 敘述有兩個目的：一是將控制權轉回給呼叫函式，另一是將 return 敘述小括號" ( ) "中的數值傳回給呼叫函式。return 敘述只能從函式傳回一個數值。

格式：傳回值型態 函數名稱(引數 1 型態 引數 1, 引數 2 型態 引數 2，…引數 n 型態 引數 n)

```
範例：void setup()
      {}
      void loop()
      {
            int x=5,y=6,sum;          //宣告整數變數 x,y,sum。
            sum=area(x,y);            //呼叫 area 函數。
      }
      int area(int x,int y)          //計算面積函式 area()。
      {     int s;
            s=x*y;                    //執行 s=x*y 運算。
            return(s);                //傳回面積值 s=30。
      }
```

在前面章節中，我們將變數作為引數傳入函式中，是將變數的數值傳至函式，同時在函式中會另外再配置一個記憶體空間給這個變數，此種方法稱為**傳值呼叫**。如果要將陣列資料傳入函式中，必須傳給函式兩個引數：一為陣列的位址，一為陣列的大小，此種方法稱為**傳址呼叫**。當傳遞陣列給函式時，並不會將此陣列複製一份給函式，只是傳遞陣列的起始位址給函式，函式再利用這個起始位址與註標，去存取原來在主函式中的陣列內容。

格式：傳回值型態 函數名稱(引數 1 型態 引數 1, 引數 2 型態 引數 2，…引數 n 型態 引數 n)

```
範例：void setup()
      {}
      void loop()
      {
            int result;               //宣告整數變數 result。
            int a[5]={1,2,3,4,5};     //宣告整數陣列 a[5]。
```

```
        int size=5;                  //宣告整數變數 size。
        result=sum(a,size);          //傳址呼叫函式 sum。
        Serial.println(result);
    }
    int sum(int a[],int size)        //函數 sum。
    {
        int i;                       //宣告整數變數 i。
        int result=0;                //宣告整數變數 result。
        for(i=0;i<size;i++)
        result=result+a[i];          //計算陣列中所有元素的總和。
        return(result);              //傳回計算結果，result=15。
    }
```

1-4-7 Arduino 常用函式

pinMode( )函式

　　Arduino 的 pinMode()函式的功用是**設定數位輸入/輸出腳（in/out，簡記 I/O）的模式**，函式有兩個參數，第一個參數 pin 是定義數位接腳的編號，在 Arduino UNO 板上共有編號 0~13 等 14 支數位 I/O 腳。第二個參數 mode 是設定接腳的模式，有 **INPUT、INPUT_PULLUP 及 OUTPUT** 等三種模式，其中 INPUT 設定接腳為高阻抗（high-impedance）輸入模式，INPUT_PULLUP 設定接腳為內含上升電阻（internal pull-up resistors）輸入模式，而 OUTPUT 設定接腳為輸出模式。**Arduino 的函式有大小寫的區別，因此函式名稱或參數的大小寫必須完全相同。**

格式：pinMode(pin,mode)

```
範例：pinMode(2,INPUT);            //設定數位腳 2 為高阻抗輸入模式。
     pinMode(3,INPUT_PULLUP);     //設定數位腳 3 為內含上升電阻輸入模式。
     pinMode(13,OUTPUT);          //設定數位腳 13 為輸出模式。
```

digitalWrite( )函式

　　Arduino 的 digitalWrite( )函式的功用是在設定數位接腳的狀態，函式的第一個參數 pin 是定義數位接腳編號，第二個參數 value 是設定接腳的狀態，有 **HIGH 及 LOW** 兩種狀態。如果所要設定的數位接腳已經由 pinMode( )函式設定為輸出模式，則 **HIGH 電壓為 5V，LOW 電壓為 0V**。在 Arduino 板上只有一個 5V 電源接腳，如果需要一個以上的電源接腳時，可以使用數位腳，再設定其輸出為 HIGH 即可。

格式：digitalWrite(pin,value)

範例：pinMode(13,OUTPUT);　　　　//設定數位接腳 13 為輸出模式。

　　　digitalWrite(13,HIGH);　　　 //設定數位接腳 13 輸出高態電壓。

digitalRead( )函式

　　Arduino 的 digitalRead( )函式的功用是在讀取所指定數位腳的狀態，函式只有一個參數 pin 是在定義數位輸入腳的編號。digitalRead()函式所讀取的值，有 HIGH 及 LOW 兩種輸入狀態。

格式：digitalRead(pin)

範例：pinMode(13,INPUT);　　　　//設定數位腳 13 為輸入模式。

　　　int val=digitalRead(13);　　 //讀取數位腳 13 的輸入狀態並存入變數 val 中。

analogWrite( )函式

　　analogWrite( )函式的功用是輸出脈寬調變訊號（Pulse Width Modulation，簡記 PWM）到指定的 PWM 接腳，脈波重覆率約為 500Hz。PWM 訊號可以用來控制 LED 的亮度或是直流馬達的轉速，**在使用 analogWrite( )函式輸出 PWM 訊號時，已自動設定接腳為輸出模式，不需再使用 pinMode( )函式去設定接腳模式。**

　　analogWrite( )函式有 pin 及 value 兩個參數必須設定，pin 參數設定 PWM 訊號輸出腳，**多數的 Arduino 板使用 3、5、6、9、10、11 等 6 支接腳輸出 PWM 訊號**。PWM 訊號的工作週期為$(t_{on}/T) \times 100\%$，value 參數可以設定脈波寬度 t_{on}，其值為 0~255，而 T 值固定為 255。

　　如圖 1-23 所示 PWM 訊號，當 value=0 時，工作週期為 0%，直流電壓等於$(t_{on}/T) \times 5=0$；當 value=63 時，工作週期為 25%，直流電壓為 1.25V；當 value=127 時，工作週期為 50%，直流電壓為 2.5V；當 value=191 時，工作週期為 75%，直流電壓為 3.75V；當 value=255 時，工作週期為 100%，直流電壓為 5V。

格式：analogWrite(pin,value)

範例：analogWrite(5,127);　　　　//輸出工作週期為 50%的 PWM 信號至接腳 5。

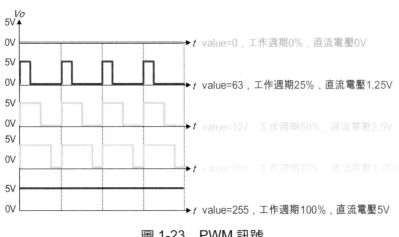

圖 1-23　PWM 訊號

analogRead( )函式

　　analogRead( )函式的功用是讀取類比輸入腳電壓 0~5V，並轉換成數位值 0~1023，只有一個參數 pin 可以設定。在 UNO 板子上的 pin 值為 0~5 或 A0~A5，在 Mini 和 Nano 板子的 pin 值為 0~7 或 A0~A7，在 Mega 板子的 pin 值為 0~15 或 A0~A15。因為內部使用 10 位元類比對數位轉換器，所以 analogRead( )函式的傳回值為整數 0~1023。

> 格式：analogRead(pin)

　範例：int val=analogRead(0);　　　　　//讀取類比輸入腳 A0 的電壓並轉成數位值。

delay( )函式

　　Arduino 的 delay( )函式功用是在設定**毫秒延遲時間**，只有一個參數 ms，設定值的單位為毫秒，ms 參數的資料型態為 unsigned long，可以設定的範圍為 $0 \sim (2^{32}-1)$，因此最大可以設定約 50 天的延遲時間。delay( )函式沒有傳回值。

> 格式：delay(ms)

　範例：delay(1000);　　　　　　　　//設定延遲時間 1 秒=1000 毫秒。

delayMicroseconds( )函式

　　Arduino 的 delayMicroseconds( )函式功用是設定**微秒延遲時間**，只有一個參數 μs，設定值的單位為微秒。μs 參數的資料型態為 unsigned int，可以設定的範圍為 $0 \sim (2^{16}-1)$，因此最大可以設定約 65 毫秒的延遲時間。delayMicroseconds( )函式沒有傳回值。

格式：delayMicroseconds(μs)

範例：delayMicroseconds(1000);   //設定延遲 1 毫秒=1000 微秒。

millis( )函式

    Arduino 的 millis( )函式功用是測量 Arduino **板從開始執行至目前為止所經過的時間，單位 ms**。這個函式沒有參數，但有一個傳回值，資料型態為 unsigned long，可以測量的範圍為 $0 \sim (2^{32}-1)$，最大約 50 天。

格式：millis( )

範例：unsigned long time=millis( );   //傳回 Arduino 板開始執行至目前為止的時間。

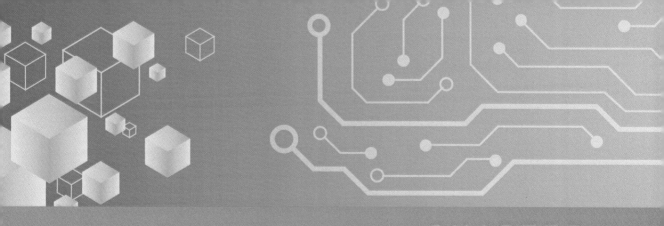

CHAPTER

基本電路原理

2-1 電的基本概念

常用的電學名稱如**電荷、電壓、電流、電阻、電能**及**電功率（簡記功率）**等，一般都以發現此物理現象的科學家來命名如表 2-1 所示電學單位。

表 2-1　電學單位

電學名稱	符號	電學單位
電荷	Q	庫侖(coulomb，簡記 C)
電壓	V	伏特(volt，簡記 V)
電流	I	安培(ampere，簡記 A)
電阻	R	歐姆(ohm，簡記Ω)
電能	W	焦耳(joule，簡記 J)
功率	P	瓦特(watt，簡記 W)

如果以表 2-1 所示電學單位來表示數值，有時可能會太小或太大，造成閱讀上的困難，因此有必要再將其轉換成表 2-2 所示**十倍數符號，來簡化數值的表示**。

表 2-2　十倍數符號

符號	中文名稱	英文名稱	倍數
T	兆	tera	10^{12}
G	十億	giga	10^{9}
M	百萬	mega	10^{6}
k	仟	kilo	10^{3}
m	毫	milli	10^{-3}
μ	微	micro	10^{-6}
n	奈	nano	10^{-9}
p	微微	pico	10^{-12}

2-1-1 電荷

電荷的**單位為庫侖（Coulomb，簡記 C）**，符號為 Q，這是為了紀念法國物理學家 Charles Augustin de Coulomb 對電學的貢獻。庫侖定律是指在真空中兩個靜止點電荷之間的交互作用力，與距離平方成反比，而與電量乘積成正比。作用力的方向在此兩點電荷的連線上，同極性電荷相斥，異極性電荷相吸。電荷與電流及時間成正比，即 $Q=I \times t$，一般電池以**毫安小時（mAh）或安培小時（Ah）**來標示電荷容量。例如 1000mAh 鋰電池，在負載電流 500mA 連續使用下，可以使用 2 小時。

2-1-2 電壓

電壓為電位、電位差、電動勢、端電壓及電壓降之通稱，**單位為伏特（volt，簡記 V），符號為** V，這是為了紀念義大利物理學家伏特（Alessandro Volta）先生對電學的貢獻。依電壓對時間的變化分類，可分成**直流電壓**及**交流電壓**兩種，直流電壓的電壓值及極性不隨著時間而改變，例如電池即為直流電壓。交流電壓的電壓值及極性會隨著時間而改變，例如家用 110V 電源即為交流電壓。

2-1-3 電流

電流的**單位為安培（ampere，簡記 A），符號為** I，這是為了紀念法國數學家兼物理學家安培（Andre M. Ampere）先生對電學的貢獻。當我們在導體上加上一電壓時，在導線內部的自由電子會沿著一定的方向流動而形成電流（current）。因此電流定義為在單位時間內，通過導體截面積的電荷量，即

$$I = \frac{Q}{t}$$

2-1-4 電阻

電阻的**單位為歐姆（ohm，簡記Ω），符號為** R，這是為了紀念德國物理學家歐姆（George Simon ohm）先生對電學的貢獻。歐姆提出了有名的歐姆定律：導體兩端的電壓與通過導體的電流成正比，即

$$R = \frac{V}{I}$$

依其製造材料的不同可分為碳膜電阻、可變電阻、熱敏電阻、光敏電阻、水泥電阻等。體積較大的電阻器，如水泥電阻是直接以文數字標示電阻值、誤差百分率及額定功率值等。體積較小的電阻器，如常用的碳膜電阻是以色碼環來表示，如表 2-3 所示四環式色碼電阻表示法，由左而右依序為第一環表示十位數值，第二環表

示個位數值，第三環表示倍數，第四環表示誤差。例如某一色碼電阻由左而右的色碼依序為：**棕、黑、橙、金**，**其電阻值為** $10 \times 10^3 \pm 5\%\Omega = 10k\Omega \pm 5\%$，電阻範圍在 $9.5k\Omega \sim 10.5k\Omega$ 之間。

表 2-3　四環式色碼電阻表示法

顏色		第一環(十位數)	第二環(個位數)	第三環(倍數)	第四環(誤差)
黑		0	0	10^0	
棕		1	1	10^1	
紅		2	2	10^2	
橙		3	3	10^3	
黃		4	4	10^4	
綠		5	5	10^5	
藍		6	6	10^6	
紫		7	7	10^7	
灰		8	8	10^8	
白		9	9	10^9	
金				10^{-1}	±5%
銀				10^{-2}	±10%
無					±20%

2-1-5 電能

電能的**單位為焦耳（joule，簡記 J）**，符號為 W，這是為了紀念英國物理學家焦耳（James Prescott Joule）先生對電學的貢獻。電能定義為：單位正電荷由電路的一點移至另一點，電場作用力對電荷所做的功，即

$$W = QV$$

2-1-6 功率

功率的**單位為瓦特（watt，簡記 W）**，符號為 P，這是為了紀念英國發明家瓦特（James Watt）先生對工業革命的貢獻。功率是指作功的比率，在電學上的定義為：單位時間內所消耗的電能，即

$$P = \frac{W}{t} = IV = I^2 R = \frac{V^2}{R}$$

2-2 數字系統

在數位系統中為了提高電路運作的可靠性，常使用**二進位（binary，簡記 B）**數字系統，有別於人類自古以來早已習慣的十進位（decimal，簡記 D）數字系統。在二進位數字系統中僅含 0 與 1 兩種數字資料，因此在倍數符號的表示也與十進位數字系統不同，如表 2-4 所示二進位數字系統倍數符號，每個符號間的倍數為 2^{10}。

表 2-4　二進位數字系統倍數符號

符號	中文名稱	英文名稱	倍數
T	兆	tera	2^{40}
G	十億	giga	2^{30}
M	百萬	mega	2^{20}
k	仟	kilo	2^{10}

2-2-1 十進位表示法

十進位（decimal，簡記 D）數字系統使用 0、1、2、3、4、5、6、7、8、9 等十個阿拉伯數字來表示數值 N，且數值的最左方數字為最大有效位數（most significant digital，簡記 MSD），而最右方數字為最小有效位數（least significant digital，簡記 LSD）。**在 Arduino 程式中，十進位數值不需要在數值前加上任何前置符號**，例如十進位數值 1234 可表示為

$$1234 = 1 \times 10^3 + 2 \times 10^2 + 3 \times 10^1 + 4 \times 10^0$$

2-2-2 二進位表示法

二進位（binary，簡記 B）數字系統使用 0、1 等兩個阿拉伯數字來表示數值 N，且數值的最左方數字為最大有效位元（most significant bit，簡記 MSB），而最右方數字為最小有效位元（least significant bit，簡記 LSB），二進位數字系統使用於數位系統中。**在 Arduino 程式中，二進位數值需在數值前加上前置符號"0b"**，例如二進位數值 0b10001010 可表示為

$$0b10001010 = 1 \times 2^7 + 0 \times 2^6 + 0 \times 2^5 + 0 \times 2^4 + 1 \times 2^3 + 0 \times 2^2 + 1 \times 2^1 + 0 \times 2^0 = 138$$

2-2-3 十六進位表示法

二進位數字系統表示較大數值時，會因數字過長而不易閱讀，常用十六進位（hexadecimal，簡記 H）數字系統來表示。十六進位數字系統使用 0~9 十個阿拉伯數字及 A～F 等六個英文字母，共十六個數字來表示數值 N，其中英文字母 A、B、C、D、E、F 分別表示數字 10、11、12、13、14、15。**在 Arduino 程式中，十六進位數值需在數值前加上前置符號"0x"**，例如十六進位數值 0x1234 可表示為：

$$0x1234 = 1 \times 16^3 + 2 \times 16^2 + 3 \times 16^1 + 4 \times 16^0 = 4660$$

2-2-4 常用進位轉換

表 2-5 所示為十進位、二進位、十六進位等數字系統的常用進位轉換。在電腦系統中的每一個二進位數字表示一個位元(bit)，每 8 個位元表示一個位元組(byte)，每 16 個位元表示一個字元組（word）。

表 2-5　數字系統常用進位轉換

十進位	二進位	十六進位
0	0000	0
1	0001	1
2	0010	2
3	0011	3
4	0100	4
5	0101	5
6	0110	6
7	0111	7
8	1000	8
9	1001	9
10	1010	A
11	1011	B
12	1100	C
13	1101	D
14	1110	E
15	1111	F

2-3　認識基本手工具

所謂『**工欲善其事，必先利其器**』，在使用 Arduino 控制板進行電子電路實驗或專題製作前，對基本手工具要有一定程度的認識與熟練使用，才能發揮事半功倍的效果。常用的基本手工具包含麵包板、電烙鐵、尖口鉗、斜口鉗及剝線鉗等。

2-3-1　麵包板

如圖 2-1 所示為尺寸規格 85mm×55mm 麵包板（Bread board），價格約 50 元，經常應用在學校教學或研究單位的電子電路實驗上。使用者完全不需使用電烙鐵焊接就可以直接將電子電路中所使用到的電子元件，利用單心線快速完成接線，並且進行電路特性測量，以驗證電子電路的功能正確性。

麵包板使用簡單，具有快速更換電子元件或電路連線的優點，能有效減少開發產品所需的時間。經由麵包板實驗成功後再繪製並製作印刷電路板（printed circuit board，簡記 PCB），再使用電烙鐵將電子元件焊接在 PCB 上，以完成專題製作。

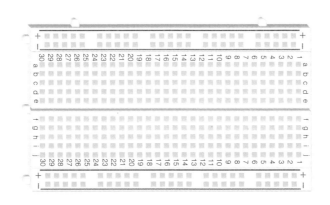

圖 2-1　85mm×55mm 麵包板

如圖 2-2 所示為麵包板的內部結構，內部是由**長條形的銅片**所組成，其中水平為電源正、負端接線處，各由 25 個插孔連接組成共有 100 孔。垂直為電路接線處，每 5 個插孔為一組連接組成共有 300 孔，孔與孔的距離為 2.54mm。對於較大的電子電路，也可以利用麵包板上、下、左、右側的卡榫，輕鬆擴展組合更大的麵包板來使用。在使用麵包板進行電子電路實驗時，**應避免將過粗的單心線或元件插入麵包板插孔內，以免造成插孔鬆弛而導致電路接觸不良的故障**。如果所使用的單心線或元件已經彎曲，應先使用尖口鉗將其拉直，比較容易插入麵包板插孔。

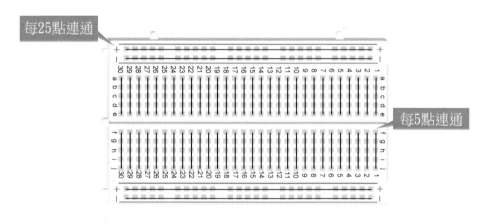

每25點連通

每5點連通

圖 2-2　麵包板內部結構

　　有時候使用如圖 2-3 所示 Arduino 原型（proto）擴充板及 45mm×35mm 小型麵包板會比較方便。原型擴充板的所有針腳與 Arduino UNO 板完全相容。可直接將元件焊接於原型擴充板上，或是將麵包板以雙面膠黏貼於擴充板上，再將元件插置於麵包板上。每個原型（proto）擴充板含小型麵包板約 160 元。

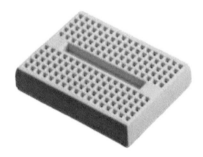

(a)　原型擴充板　　　　　　　　　　(b) 45mm×35mm 麵包板

圖 2-3　Arduino 原型（proto）擴充板

2-3-2　電烙鐵

　　如圖 2-4 所示電子用電烙鐵，價格約 100~200 元，主要用於電子元件及電路的焊接。由 **烙鐵頭**、**加熱絲**、**握柄** 及 **電源線** 等四個部份所組成。電烙鐵的工作原理是使用交流電源加熱電熱絲，並將熱源傳導至烙鐵頭來熔錫焊接。常用電烙鐵電熱絲最大功率規格有 30W、40W 等，所使用的烙鐵頭宜選用合金材料，每次焊接前先使用海綿清潔烙鐵頭，才不會因焊錫氧化焦黑而不易焊接，造成冷焊而導致接觸不良。

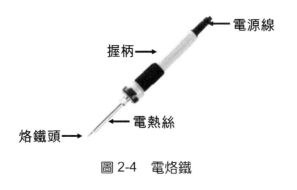

握柄→

電源線

電熱絲

烙鐵頭→

圖 2-4　電烙鐵

2-3-3　剝線鉗

　　如圖 2-5 所示電子用剝線鉗，價格約在 100~200 元之間，剝線鉗同時具有**剝線**、**剪線**、**壓接**等多項功能，購買時要依自己所使用的線材規格選用合適的剝線鉗。

圖 2-5　剝線鉗

2-3-4　尖口鉗

　　如圖 2-6 所示電子用尖口鉗，價格約在 100~200 元之間，一般皆**使用尖口鉗來整平電子元件或單心線**，並將電子元件或單心線插入麵包板或 PCB 中，不但可以使電路排列整齊美觀，而且維修也很容易。

圖 2-6　尖口鉗

2-3-5 斜口鉗

如圖 2-7 所示電子用斜口鉗，價格約在 100~200 元之間，一般皆**使用斜口鉗來剪除多餘的電子元件接腳或過長的單心線頭**。斜口鉗應避免用來剪除較粗的單心線，以免造成斜口處的永久崩壞。單心線又稱為實心線，是由單一銅線導體及絕緣層組成，常用的標準線規為美規（american wire gauge 簡記 AWG），單位以吋（inch）表示，我國標準線規由中央標準局規定，其線徑單位則以公厘（mm）表示。一般電子電路所使用單心線的線規為 24 AWG（0.5mm）或 26 AWG（0.4mm）。

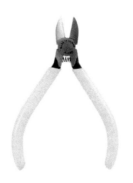

圖 2-7　斜口鉗

2-4　認識三用電表

如圖 2-8 所示三用電表可以分為**指針式**及**數位式**兩種，初學者使用數位式三用電表，會比較容易。所謂三用電表是指可測量**電壓**、**電流**及**電阻**等三種數值的電表。

(a) 指針式三用電表

(b) 數位式三用數表

圖 2-8　三用電表

三用電表除了可以測量交流電壓（ACV）、直流電壓（DCV）、直流電流（DCmA）及電阻值（Ω）之外，有些還可以測量二極體接腳、電晶體接腳、電容值、溫度及頻率等。在電子實驗中經常使用三用電表來測量電路的電壓及電流，如圖 2-9 所示串聯電路，依歐姆定律可知電路總電流 I 及 V_2 電壓分別如下：

$$I = \frac{E}{R_1 + R_2 + R_3} = \frac{3}{1k + 1k + 1k} = 1mA$$

$$V_2 = IR_2 = 1mA \times 1k\Omega = 1V$$

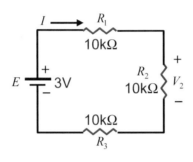

圖 2-9　串聯電路

2-4-1　電壓測量

如圖 2-10 所示電壓測量電路，使用三用電表測量元件端電壓時，三用電表必須與待測元件『**並聯**』。測量時先將三用電表切換至適當的直流電壓檔位，再將紅色測試棒接元件的電壓正極，黑色測試棒接元件的電壓負極，電表的讀值即為待測元件的兩端電壓值。

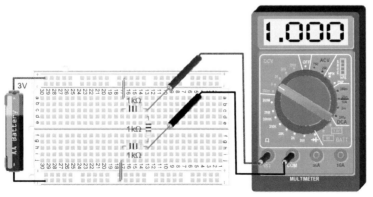

圖 2-10　電壓測量電路

2-4-2 電流測量

使用三用電表測量流過元件的電流時,三用電表必須與待測元件『**串聯**』如圖 2-11 所示。測量電流前先移除待測元件的一端接腳,其次將三用電表切換至直流電流最大檔位,最後再將紅色、黑色測試棒依圖 2-10 所示電流測量電路接妥。如果待測電流太小或太大時,須切換直流電流檔至適合的檔位。因為電流檔的內阻很小,使用時應避免將電表與待測元件『**並聯**』,以免燒毀表頭。

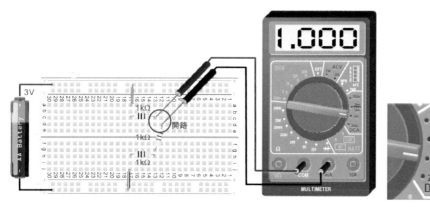

圖 2-11 電流測量電路

2-4-3 電阻測量

使用三用電表測量電阻器的電阻值時,三用電表必須與待測元件『**並聯**』如圖 2-12 所示。測量電阻前先將三用電表切換至歐姆檔位,再做**歐姆歸零**調整,最後將紅色及黑色測試棒分別連接至電阻器兩端。如果待測電阻值太小或太大時,須切換歐姆檔至適當的檔位。

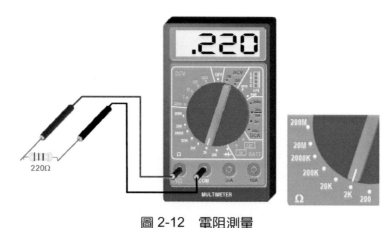

圖 2-12 電阻測量

2-5　認識基本電子元件

　　如表 2-6 所示為基本電子元件（electronic component）的符號及外觀，元件的外觀會因為**製造廠商**及**使用規格**的不同而有些微差異，但基本上大致相同。除了認識元件符號及元件外觀之外，如果能夠再進行簡單的元件功能特性實驗，必定能更加了解電子元件的特性，在設計互動作品時，才能更得心應手。有關電子元件的特性說明，請參考相關電學書籍。

表 2-6　基本電子元件的符號及外觀

元件名稱	符號	外觀
直流電源	─┤ + │ ─ ├─	＋ AAA Battery ─
滑動開關	─o⁄ o─	
按鍵開關	─o┴o─	
電阻器	─/\/\/─	─ ‖‖ ─
可變電阻	1 ─/\/\/─ 3，2↓	
熱敏電阻	⊘T	
光敏電阻	⊘λ	
陶質電容	─┤├─	
電解電容	─┤ + │ ─ ├─	470μF
二極體	─▶├─	1N4001
發光二極體	─▶├─	
NPN 電晶體		C9013
PNP 電晶體		C9012

NOTE

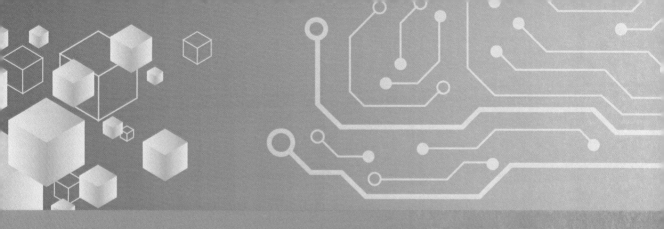

CHAPTER

自走車實習

3

3-1　認識機器人

　　機器人（Robot）一詞最早是出現在 1920 年，由捷克人卡雷爾‧恰佩克（Karel Čapek）編寫的科幻舞台劇「羅梭的全能機器人（Rossum's Universal Robots）」，但是當時還沒有真正的機器人。早期的工業機器人利用電子電路或電腦程式控制人造機器裝置，取代或協助人類執行精細、粗重、危險或重覆的工作任務。科技的快速進步，高度整合電子、電機、機械、計算機及人工智慧等領域技術，機器人才開始成為人類身體的一部份，用來增強身體的能力。

　　機器人的運動方式大致上可以分為**輪型機器人**及二足、四足、六足等**多足型機器人**。日本近年致力於機器人的開發設計，如圖 3-1(a)所示為日本軟銀開發設計的 pepper 輪型機器人，圖 3-1(b)所示為日本 HONDA 開發設計的 ASIMO 二足型機器人，圖 3-1(c)所示為日本 SONY 開發設計的 AIBO 四足型機器人。輪型機器人具有快速移動的優點，而足型機器人則具有機動性、可步行於危險環境、跨越障礙物以及可上下階梯等優點。**本書主要是在研究輪型機器人自走車的自造技術。**

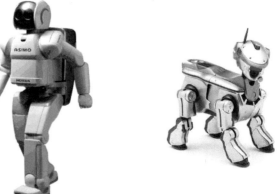

(a) pepper 輪型機器人　　　(b) ASIMO 二足型機器人　　　(c) AIBO 四足型機器人

圖 3-1　足型機器人

3-2　認識自走車

　　早期工廠生產及物料管理完全依賴人力，不但沒有效率而且容易出錯，對於較危險的工作場合，更是有生命安全上的顧慮。現今自走車已普及應用在各行各業，如圖 3-2(a)所示為家用智慧型自走式吸塵器，只需按一下啟動鈕，即可輕鬆自動清理家中地板灰塵。圖 3-2(b)所示為自走式洗地車，常應用於百貨公司、大賣場等大型商場，可以有效節省人力，提升工作效率。圖 3-2(c)所示為自動倉儲管理系統，常應用於倉庫、藥廠等大型企業廠商，只要在中央控制系統下達取件、送件指令，即可快速完成取件、送件動作。

(a) 自走式吸塵器　　　(b) 自走式洗地車　　　(c) 自動倉儲系統

圖 3-2　自走車

歐、美、日等先進國家已將自走車普遍應用於自動化生產如汽車、半導體、3C電子、食品加工等製造。使用無人駕駛及自動導引的方式使車輛運行在設定的軌道上稱為**無人搬運車（Automated Guided Vehicle，簡記 AGV）**，AGV 的主要動力來源是電池，最大載重量可至數百噸。依其引導方式可分為有線式及無線式兩種，如圖 3-3(a)所示為有線式無人搬運車，使用電磁、磁帶、色帶、標線等方式引導。如圖 3-3(b)所示為無線式無人搬運車，使用電磁感應、激光、磁鐵-陀螺等方式引導。

(a) 有線式　　　　　　　　　　　(b) 無線式

圖 3-3　無人搬運車

3-3　認識自走車組件

幾十年前要自造一台自走車，不但技術複雜而且價貴昂貴。隨著開放源碼（open-source）Arduino 的出現，**內建多樣化函式（function）簡化了周邊元件的底層控制程序**。另外，網路上也提供相當豐富的共享資源，讓你可以快速又簡單的自造一台 Arduino 自走車。

　　自走車包含 Arduino **控制板、馬達驅動模組、馬達組件**及**電源電路**等四個部份，其中馬達組件包含**減速直流馬達、固定座**及**車輪**。市面上現有的自走車大致可以分成兩種，一為使用獨立的 Arduino 控制板、馬達驅動模組、馬達組件及電源模組連接組合完成。另一為將所需模組預先製成 PCB 板車體，再配合車輪、馬達等元件連接組合完成。無論使用那一種方式，只要上載（upload）軟體後，都可以順利完成自走車的功能。另外，我們也可以依據自己的需求來增加新的控制模組，例如紅外線循跡模組、紅外線遙控模組、藍牙模組、超音波模組、RF 模組、XBee 模組、Ethernet 模組及 Wi-Fi 模組等，來完成各種不同控制方式的自走車。

3-3-1　Arduino 控制板

　　如果自走車沒有微控制器，如同人沒有大腦，就只是一堆機器裝置，毫無用處。如圖 3-4 所示為自走車所使用的大腦 Arduino UNO 控制板，內部使用 ATmega328 微控制器，在控制板上第二個微控制器 ATmega16u2 的功用是用來處理 USB 的傳輸通訊。其它版本 Arduino 控制板或 8051、PIC 等微控制器，也能用來控制自走車運行。

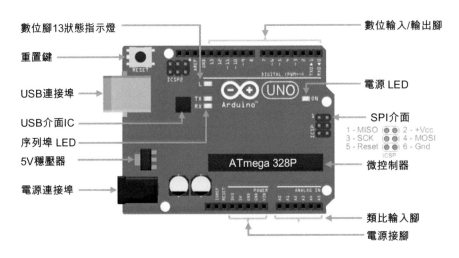

圖 3-4　Arduino UNO 控制板

　　Arduino UNO 板使用 16 MHz 石英晶體振盪器，有一個標準的 USB 連接埠及一個 UART 硬體串列埠 RX（數位腳 0）、TX（數位腳 1）。內部包含 14 支數位輸入/輸出腳 0~13 **（其中 3、5、6、9、10、11 等 6 支腳可輸出 PWM 訊號）**。另有 6 支類比輸入腳 A0~A5，每支類比輸入腳內含 10 位元的 ADC 轉換器，最小解析度為 $5V/2^{10} \cong 5mV$，6 支類比輸入腳不用時，也可以當做數位腳 14~19 使用。Arduino 控制板內建 5V 穩壓器,可以將電源連接埠的輸入電壓穩壓為 5V,提供電源給 Arduino 控制板。市售的原廠 Arduino UNO 板約 700 元,相容 Arduino UNO 板約 300 元。

3-3-2 馬達驅動模組

Arduino UNO 板輸出電流只有 25mA,無法直接驅動直流馬達,必須使用馬達驅動 IC 來驅動直流馬達,常用的馬達驅動 IC 如 ULN2003、ULN2803、L293、L298 等。如圖 3-5 所示為市售馬達驅動模組,使用 L298 雙 H 橋(dual full-bridge)驅動 晶片,可以用來驅動繼電器、直流馬達及步進馬達等負載。內含四組半橋式輸出, **每組輸出驅動電流達** 1A,總輸出電流最大可達 4A。市售馬達驅動模組約 150 元。

(a) 模組外觀

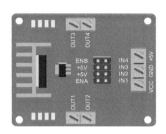

(b) 接腳圖

圖 3-5　馬達驅動模組

馬達驅動電路

如圖 3-6 所示為馬達驅動電路,使用如圖 3-6(a)所示 L298 驅動 IC,內部不含保 護二極體,必須外接。如圖 3-6(b)所示為馬達驅動電路圖,**黑色數字腳位**為驅動**第一 組**直流馬達的接腳,**紅色數字腳位**為驅動**第二**組直流馬達的接腳。

(a) L298 驅動 IC

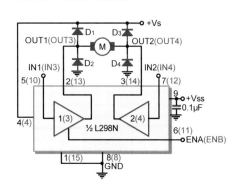

(b) 電路圖

圖 3-6　馬達驅動電路

馬達電源電壓輸入（power supply，簡記 V_S）最高可達 46V，邏輯電源電壓輸入（logic power supply，簡記 V_{SS}）在 5V~7V 之間，且所有輸入準位都**與 TTL 相容**。Arduino UNO 板的輸出可以直接連接至馬達驅動模組，低電位輸入電壓範圍在 −0.3V~1.5V 之間，高電位輸入電壓範圍在 2.3V~Vss 之間。

L298 馬達驅動 IC 有 IN1、IN2、IN3 及 IN4 等四個輸入腳，將輸出 OUT1、OUT2 及 OUT3、OUT4 分別連接一個直流馬達，就可以控制兩組直流馬達的轉向及轉速。如表 3-1 所示為馬達驅動模組的控制方式，只要改變輸入電壓的極性，就可以控制直流馬達的轉向。若將 PWM 訊號輸入至 L298 的致能接腳 ENA、ENB，就可以控制直流馬達的轉速。使用 PWM 訊號控制直流馬達轉速時，**PWM 訊號的電壓平均值必須大於馬達啟動所需的最小直流電壓，以克服馬達的靜摩擦力，馬達才能轉動。**

表 3-1　馬達驅動模組的控制方式

ENA (ENB)	IN1 (IN3)	IN2 (IN4)	功能
H	H	L	正轉
H	L	H	反轉
H	H	H	馬達停止
H	L	L	馬達停止
L	×	×	馬達停止

3-3-3 馬達組件

自走車如果沒有馬達組件，就沒有辦法運行自如，自走車常使用直流（DC）馬達、步進（STEP）馬達或是伺服（SERVO）馬達，各有其優、缺點。本書使用如圖 3-7 所示馬達組件，包含**微型金屬減速直流馬達、馬達固定座**及**車輪**等組件。

(a) 微型金屬減速直流馬達 　　　　　　(b) 馬達固定座及車輪

圖 3-7　馬達組件

微型金屬減速直流馬達

　　如表 3-2 所示為微型金屬減速直流馬達的主要規格，具有**體積小、扭力大、低耗電、全金屬齒輪耐用不易磨損**等優點。以使用 1:50 減速比的馬達為例，在電源電壓為 12V 時，其空載轉速每分鐘 600 轉（rotation/minute，簡記 rpm/min），加車輪負載轉速為 480rpm/min，額定電流為 300mA。如果使用不同的電源電壓，可依比例計算轉速及額定電流，以選擇合適的電源容量。每個微型金屬減速直流馬達約 150 元。

表 3-2　微型金屬減速馬達

電壓 DCV	空載轉速 rpm/min	負載轉速 rpm/min	額定力矩 Kg/cm	額定電流 mA	減速比 1:n
3	150	100	0.10	80	1:50
3	75	60	0.15	80	1:100
3	50	40	0.20	60	1:150
6	300	240	0.2	160	1:50
6	150	120	0.3	160	1:100
6	100	80	0.4	160	1:150
12	600	480	0.4	300	1:50
12	300	240	0.5	300	1:100
12	200	160	1.0	300	1:150

馬達固定座及車輪

　　馬達固定座必須配合直流馬達的規格，才能安裝牢固。車輪的選用要考慮到**承載重量**及**摩擦係數**。本書使用 N20 馬達固定座及 D 字接頭、直徑 43mm 的橡皮車輪兩組。市售每個 N20 馬達固定座 25 元，每個橡皮車輪 60 元。

3-3-4　萬向輪

　　自走車依其使用的車輪數目可分為**三輪式自走車**及**四輪式自走車**兩種，依其驅動方式可分為**二輪驅動、三輪驅動**及**四輪驅動**等多種。無論使用何種組合，最少都必須使用兩組馬達來驅動，才能控制自走車的轉向及轉速。市售每個萬向輪 85 元。

三輪式自走車

如圖 3-8(a)所示為三輪式自走車的車體，使用**兩組減速直流馬達**及**一個萬向輪組成**。如圖 3-8(b)所示萬向輪是由 4 個小鋼球和 1 個直徑 12mm 的不銹鋼大鋼球組成，長時間使用不會生銹，而且運轉順暢。如圖 3-8(c)所示為另一種萬向輪，其運轉較不順暢，尤其是在自走車轉向後，常會卡住而無法回正直行。

萬向輪除了用來支撐車體之外，還可保持自走車運行順暢，一般會將萬向輪裝置於車體前方、後方或前後方同時裝設。

(a) 車體　　　　　　　(b) 萬向輪　　　　　　　(c) 萬向輪

圖 3-8　三輪式自走車

四輪式自走車

常見的四輪式自走車如圖 3-9(a)所示四輪式自走車，使用**兩組減速直流馬達及四個車輪**組成；或是如圖 3-9(b)所示 Arduino 官方開發設計的四輪式自走車，使用**兩組減速直流馬達**及**兩個萬向輪**組成，且電路已預製於車體的 PCB 中。

(a) 車體　　　　　　　　　(b) Arduino 官方開發設計

圖 3-9　四輪式自走車

3-3-5 電源電路

在電源電路中最重要的元件是電池（battery），電池是自造 Arduino 機器人不可或缺的重要元件，尤其是**電池的續航能力**更是決定機器人生命週期的重要因素。**電**

池是一種將化學能轉換成電能，並且將電能儲存起來提供外部電路使用的裝置。電池所儲存的容量稱為電荷量，以符號 Q 表示，單位為庫倫（Coulomb，簡記 C）。電荷量與通過導體的電流與時間均成正比，電流以符號 I 表示，單位為安培（ampere，簡記 A），而時間以符號 t 表示，單位為秒（second，簡記 sec），則 $Q=I×t$。在日常生活中，為了讓人們更容易了解，常以**毫安培小時（mAh）**來表示電池容量，例如 2000mAh 的電池容量在負載電流 500mA 連續使用下，可以使用 4 小時。電池依使用的次數可分成**一次（primary）電池**與**二次（secondary）電池**。

一次電池(primary battery)

如圖 3-10 所示為常見的一次電池又稱為化學電池，如**乾電池或碳鋅（Zinc-carbon）電池、水銀（Mercury）電池與鹼性（Alkaline）電池**等。所謂**一次電池**又稱為**原電池或化學電池**，是指只能被使用一次的電池，當內部的化學物質都發生化學變化後，就不可以再使用。一次電池具有價格便宜、製造容易、自放電率低、攜帶方便等優點，是目前產量最高、用途最廣的電池，其**缺點是容量太小**。

(a) 碳鋅(Zinc-carbon)電池　　(b) 水銀(Mercury)電池　　(c) 鹼性(Alkaline)電池

圖 3-10　一次電池

二次電池(Secondary battery)

如圖 3-11 所示為常見的二次電池又稱為充電（chargeable）電池，如**鎳鎘（NiCd）電池、鎳氫（NiMH）電池、鋰離子（Li-ion）電池**及**大容量 18650 鋰電池**。

(a) 鎳鎘(NiCd)電池　　(b) 鎳氫(NiMH)電池　　(c) 鋰(Li-ion)電池　　(d) 18650 鋰電池

圖 3-11　充電電池

二次電池又稱為**充電電池**（chargeable battery）是指可以被重複使用的電池。透過充電的過程，使電池內的活性物質回復到原來狀態，再度提供電力。**二次電池的缺點是價格較高。**

鎳鎘電池輸出電壓約 1.2V，有**強烈的記憶效應**，容量較低且含有毒物質，對環境有害，早已被淘汰。所謂『**記憶效應**』是指電池電力還沒完全用完，即對其進行充電，電池會記憶目前的電力位置，雖然充滿 100%電力，但以後電力用到所記憶的位置時，就會發生和沒電一樣的情形。所記憶的電力位置會愈來愈高，致使可充電的容量愈來愈少。

鎳氫電池輸出電壓約 1.2V，有輕微記憶效應，容量較鎳鎘電池及鹼性電池大，可循環充放電百次至二千次左右。鎳氫電池大部份特性和鎳鎘電池一樣，只是將有毒的隔金屬換成可以吸收氫的金屬。鎳氫電池的缺點是有**很高的自放電率**，所謂『**自放電率**』是指充滿電的鎳氫電池，放著不用時，電力自動放電的比率。

鋰離子電池輸出電壓約 3.6~3.7V，具有重量輕、容量大、自放電率低、不含有毒物質、無記憶效應等優點，因此被普遍應用於許多 3C 電子產品中。但鋰離子電池相對價格較高，而且還有**很高的自爆危險**存在。為了避免『**自爆危險**』的發生，鋰電池必須要加入保護電路，以防止過充或過熱的現象發生。

一般 Arduino 自走車常使用**鎳氫電池**或**鋰電池**，來提升自走車的續航力。如果要增加輸出電壓，可以串聯數個電池；如果要增加輸出電流，可以並聯數個電池，但會增加車體的重量。

DC-DC 升壓模組

Arduino UNO 板使用 AMS1117-5.0 電壓調整器（voltage regulator），正常穩壓的條件為 $1.5V \leq (V_{IN} - V_{OUT}) \leq 12V$，輸出電壓+5V。馬達驅動模組使用 78M05 電壓調整器，正常穩壓條件為 $2V \leq (V_{IN} - V_{OUT}) \leq 20V$，輸出電壓+5V。一般充電電池的輸出約 1.2V，如果要有+5V 輸出 V_{OUT}，則至少需要使用到六個充電電池，才能正常穩壓，但會增加車體的重量，降低車子的續航能力。

我們可以使用四個充電電池得到 4.8V 電壓，配合如圖 3-12 所示 DC-DC 升壓模組，將其升壓至 9V 後再提供給 Arduino UNO 板及馬達驅動模組使用。DC-DC 升壓模組使用 LM2577 升壓晶片，輸入電壓在 3.5V~40V 之間，輸出可調電壓在 4V~60V

間，最大輸入電流 3A，最高效率達 92%。市售 DC-DC 升壓模組約 120 元。

(a) 模組外觀

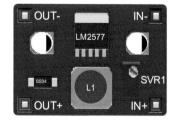

(b) 接腳圖

圖 3-12　DC-DC 升壓模組

　　DC-DC 升壓模組的輸出電壓可以由 SVR1 來調整達成，順時針調整則輸出電壓
增加，逆時針調整則輸出電壓減少，必須注意 **DC-DC 升壓模組的輸出電壓不可以小
於輸入電壓，否則會造成 LM2577 晶片 IC 損毀。**

DC-DC 升壓電路

　　如圖 3-13 所示 DC-DC 升壓電路，使用 LM2577S-ADJ 升壓調整器（Step-Up
Voltage Regulator）組成**開關電源**（Switcher），又稱為**交換式電源**（Switch power）。
DC-DC 升壓電路的輸入電壓 V_{IN} 範圍在 3.5V~40V 之間，輸入最大電流為 3A。輸出
電壓 $V_{OUT}=1.23(1+R_1/R_2)$，可調範圍在 4V~60V 之間，其中 R_1 為可變電阻 SVR1 調
整值。編號 SS34 元件為肖特基（schottkey）整流二極體，主要的特性是**導通電壓低、
交換速度快**。當 LM2577 內部 NPN 電晶體導通時，輸入電壓 V_{IN} 對 L1 電感器充電
儲能；當 NPN 電晶體截止時，L1 電感經由 SS34 整流器對 C4 充電。R3 電阻器及
C3 電容器的主要目的是維持輸出電壓的穩定。

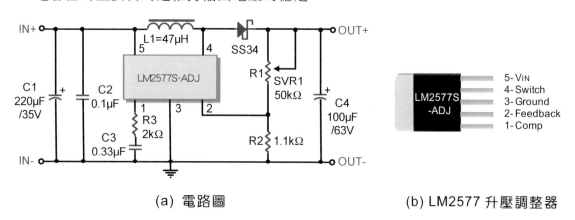

(a) 電路圖

(b) LM2577 升壓調整器

圖 3-13　DC-DC 升壓電路

何謂交換式電源

交換式電源（switch power）與傳統線性電源相比，交換式電源的效率高（效率定義為輸出功率與輸入功率之比，即$\eta=P_o/P_i$）。內部 NPN 電晶體工作於開關模式，消耗功率低，不需要使用大功率電晶體及大型散熱器，因此體積及重量都比傳統線性電源小而輕。另外，交換式電源的輸出電流也較傳統線性電源大。交換式電源最大的缺點是雜訊大，這是因為交換式電源工作時，使用數十 kHz 高頻切換電晶體的開與關，相較於傳統線性電源 60Hz 頻率高出很多，因此必須妥善處理對周圍設備所造成的干擾。

3-3-6 杜邦線

杜邦線經常被使用在學校教學實驗上，可以與麵包板或模組配合使用，以省去焊接的麻煩，快速完成電子電路的連接，並且進行電路功能的驗證。

接頭型式

如圖 3-14 所示杜邦線的接頭型式，可分成**公對公頭**、**公對母頭**、**母對母頭**等三種型式。使用者可依 Arduino 控制板與所連線的麵包板或模組的接頭型式，選擇適當的杜邦線來使用。

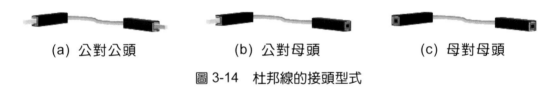

(a) 公對公頭 　　　　(b) 公對母頭 　　　　(c) 母對母頭

圖 3-14　杜邦線的接頭型式

組合數量

如圖 3-15 所示杜邦線的組合，可分成 1pin、2pin、4pin、8pin 等四種組合。另外，杜邦線也有 10cm、20cm、30cm 等多種長度可選擇，可依實際需求來購買或自製。杜邦線的接線常依色碼的顏色順序排列，以方便辨識。

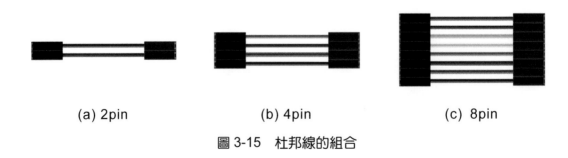

(a) 2pin 　　　　　(b) 4pin 　　　　　(c) 8pin

圖 3-15　杜邦線的組合

3-3-7 Arduino 周邊擴充板

當我們要將 Arduino 控制板連接到其它周邊元件或模組時，常常需要花很多時間將複雜電路連接起來。在連接多個感測器模組時，因為每個感測器模組都需要用到 5V 或 3.3V 電源及 GND 接地腳，而 Arduino 控制板上只有**一個 5V 電源、一個 3.3V 電源**及**兩個 GND 接地腳**，不足以提供所有模組使用，因此有必要擴充電源的接腳。如圖 3-16 所示為常用的 Arduino 周邊擴充板，可分成**感測器擴充板（Sensor Shield）**及**原型擴充板（Proto Shield）**兩種。

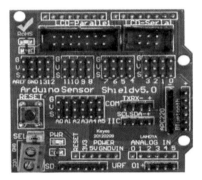
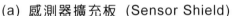
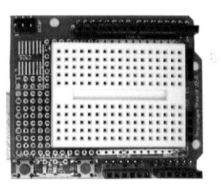

(a) 感測器擴充板（Sensor Shield）　　　(b) 原型擴充板（Proto Shield）

圖 3-16　Arduino 周邊擴充板

感測器擴充板（Sensor Shield）

如圖 3-16(a)所示感測器擴充板（Sensor Shield），適用於 Arduino UNO 板，含 14 組 3-pin（Signal、Vcc、GND）數位 I/O、6 組 3-pin（Signal、Vcc、GND）類比 I/O、1 組並列 LCD 介面、1 組串列 LCD 介面等。另外，感測器擴充板還包含 TTL（RS-232/COM）、I2C、SD 卡、藍牙模組、APC220 無線射頻模組等通訊介面。利用感測器擴充板可以讓複雜的電路簡單化，並且輕鬆快速的完成互動作品。

原型擴充板（Proto Shield）

如圖 3-16(b)所示原型擴充板（Proto Shield），適用於 Arduino UNO 板，使用時只需將原型擴充板與 Arduino UNO 板組合連接即可，接腳完全相容。原型擴充板除了可以在萬孔板上自行設計、焊接電路之外，也可以在上面加上一個 45mm×35mm 小型麵包板，因為麵包板可以重覆使用，將會更有彈性。

3-4　自造自走車

如圖 3-17 所示自走車電路接線圖，包含 Arduino **控制板**、**馬達驅動模組**、**馬達組件**及**電源電路**等四個部份。

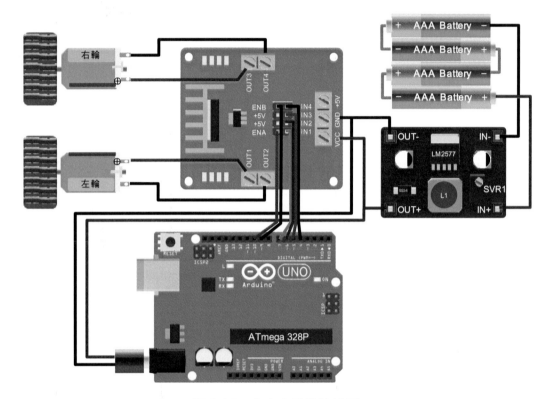

圖 3-17　自走車電路接線圖

Arduino 控制板

Arduino 控制板為控制中心，讀取如紅外線接收模組、超音波模組、藍牙模組、RF 模組、XBee 模組或 WiFi 模組等通訊模組的輸出訊號。Arduino 板再依所讀取的訊號，來驅動左、右兩組減速直流馬達，使車子能夠執行**前進**、**後退**、**右轉**、**左轉**、**加速**、**減速及停止**等運行動作。本章並未使用任何通訊模組，主要目的在於進行自走車的**直線校正**，這是因為相同規格的直流馬達，特性上仍有些微差異，造成兩輪間的轉速差，因此有必要進行轉速調整，才能讓自走車直線前進。

馬達驅動模組

馬達驅動模組使用 L298 驅動 IC 來控制兩組減速直流馬達，其中 IN1、IN2 輸入訊號控制左輪轉向，而 IN3、IN4 輸入訊號控制右輪轉向。另外，Arduino 控制板輸出兩組 PWM 訊號連接至 ENA 及 ENB，分別控制左輪及右輪的轉速。因為馬達有最小的啟動轉矩電壓，所輸出的 PWM 訊號平均值不可太小，以免無法驅動馬達轉動。PWM 訊號只能微調馬達轉速，如需較低轉速，可改用較大減速比的減速直流馬達。

馬達組件

馬達組件包含兩組 300rpm/min（測試條件：6V）的金屬減速直流馬達、兩個固定座、兩個 D 型接頭 43mm 橡皮車輪及一個萬向輪，橡皮材質輪子比塑膠材質磨擦力大而且控制容易。

電源電路

電源模組包含四個 1.5V 一次電池或四個 1.2V 充電電池及 DC-DC 升壓模組，調整 DC-DC 升壓模組中的 SVR1 可變電阻，使其輸出升壓至 9V，再將其輸出分別連接供電給 Arduino 控制板及馬達驅動模組。如果是使用兩個 3.7V 的 18650 鋰電池，可以不用再使用 DC-DC 升壓模組。每個容量 2000mAh 的 1.2V 鎳氫電池約 90 元，每個容量 3000mAh 的 18650 鋰電池約 250 元。

3-4-1 車體製作

如圖 3-18 所示市售自走車，每台單價約 5000 元~7000 元，已將紅外線循跡模組、馬達驅動模組、馬達組件、電源電路等模組預製成 PCB 車體。有些還會將周邊元件如 LCD 顯示器、蜂鳴器、LED 電路、按鍵電路等一併預製在 PCB 車體。利用預製 PCB 車體的方法，可以節省複雜電路的組裝時間，只需要專注在軟體控制程式的撰寫。但是因為周邊元件與 Arduino 微控制器腳位的接線已經固定，使用彈性相對較小。

(a) Pololu 3pi 自走車　　　(b) Parallax 自走車　　　(c) Arduino 官方自走車

圖 3-18　市售自走車

自製三輪自走車

如圖 3-19 所示為使用**壓克力板裁切刀**手工裁切的自製三輪自走車，壓克力板最好使用 3mm 以上的厚度，在使用壓克力板專用裁切刀切割製作自走車時，比較不容易斷裂。但是壓克力板也不宜太厚，否則將會增加車體的重量，而且切割較費力。

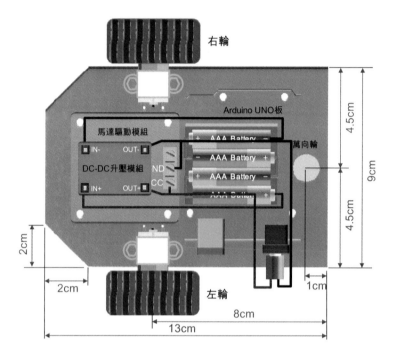

圖 3-19　自製三輪自走車

完成三輪自走車的車體製作後，將兩個減速直流馬達及一個萬向輪固定在車體上，馬達與萬向輪的間距必須調整好，才不會造成車體向前傾。在 Arduino 板的下方放置 AAA 電池座，可以放置四個 1.5V 一般電池或四個 1.2V 充電電池，以產生 6V 或 4.8V 的直流電壓輸出，將其輸出端連接至 DC-DC 升壓模組的輸入端 IN+、IN-。

調整 DC-DC 升壓模組的可變電阻器，使 OUT+、OUT-兩端電壓為 9V，提供電源給 Arduino 控制板及直流馬達驅動模組使用。因為 Arduino 控制板及直流馬達驅動模組的內部皆有 5V 電壓調整器，可以自行穩壓為 5V。使用適當高度的銅柱將 Arduino 控制板架設在電池模組上面，DC-DC 升壓模組則架設在馬達驅動模組上面或下面。在 Arduino 控制板上連接麵包板原型擴充板後，即可以連接其它周邊裝置或元件。

自製四輪自走車

如圖 3-20 所示為使用**壓克力板裁切機**自動裁切的自製四輪自走車，使用機器裁切的好處是可以切割成各種不同的形狀，但設備成本較高。整個車體分成上、下兩層，如圖 3-20(a)所示為車體下層底座，可供放置兩組減速直流馬達、兩個萬向輪、馬達驅動模組、四個 AAA 電池座及紅外線循跡模組等。如圖 3-20(b)所示為車體上層，使用透明壓克力板，可供放置 Arduino 控制板、伺服馬達、麵包板原型擴充板等，其中麵包板原型擴充板可供放置紅外線接收模組、XBee 模組、RF 模組、藍牙模組或其它周邊模組如按鍵開關模組、聲音模組、溫度模組、溼度模組、LED 模組、LCD 模組等。

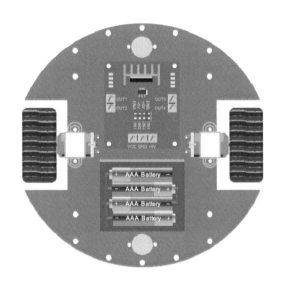

(a) 車體下層　　　　　　　　　　　　(b) 車體上層

圖 3-20　自製四輪自走車

3-4-2 運行原理

　　自走車使用兩個減速直流馬達來控制左輪及右輪的運行，另外使用一個萬向輪來維持車子的平衡，有些自走車也會使用伺服馬達來控制左輪及右輪，但其轉速較慢而且價格較高。**以直流馬達而言，當馬達正極接高電位，馬達負極接低電位時，馬達正轉；反之當馬達正極接低電位，馬達負極接高電位時，馬達反轉。**我們雖然選用兩個相同規格的減速直流馬達，但是工廠大量生產可能會造成兩個馬達的轉速有輕微差異，導致自走車在前進或後退時，因為兩輪的轉速差所造成的非直線運動。解決方法是利用 Arduino 控制板送出 PWM 訊號，來微調左輪及右輪的轉速，但是要注意所輸出的 PWM 訊號平均值必須大於馬達的最小啟動電壓，才能克服馬達的靜摩擦力，使馬達轉動。自走車運行方向的控制策略說明如下：

前進

　　如圖 3-21 所示自走車前進控制策略，當自走車要向前運行時，左輪必須反轉使其向前運動，右輪必須正轉使其向前運動，且兩輪轉速相同，自走車才會直線前進。

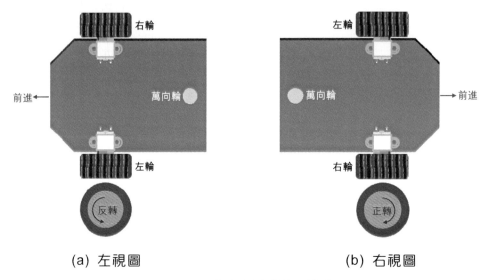

(a) 左視圖　　　　　　　　　　　　(b) 右視圖

圖 3-21　自走車前進控制策略

後退

　　如圖 3-22 所示自走車後退控制策略，當自走車要向後運行時，左輪必須正轉使其向後運動，右輪必須反轉使其向後運動，且兩輪轉速相同，自走車才會直線後退。

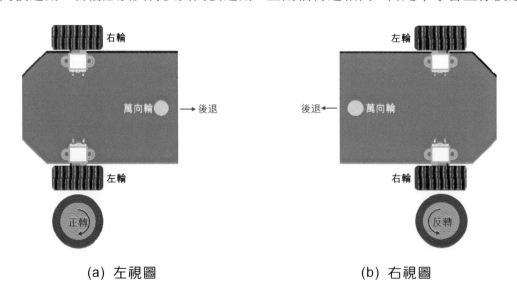

(a) 左視圖　　　　　　　　　　　　(b) 右視圖

圖 3-22　自走車後退控制策略

右轉

　　如圖 3-23 所示自走車右轉控制策略，當自走車要向右運行時，左輪必須反轉使其向前運動，而右輪必須停止或反轉使其停止或向後運動，自走車才會右轉。

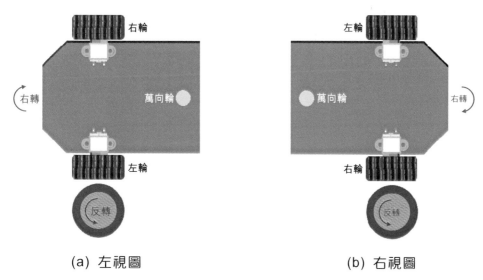

(a) 左視圖　　　　　　　　　　　　　　(b) 右視圖

圖 3-23　自走車右轉控制策略

左轉

　　如圖 3-24 所示自走車左轉控制策略，當自走車要向左運行時，左輪必須停止或正轉使其停止或向後運動，而右輪必須正轉使其向前運動，自走車才會左轉。

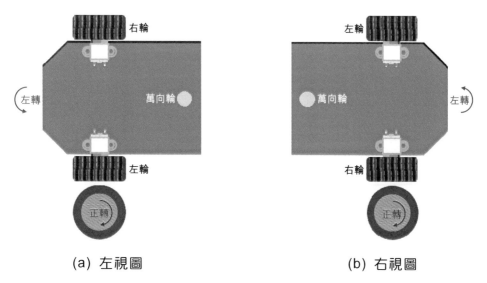

(a) 左視圖　　　　　　　　　　　　　　(b) 右視圖

圖 3-24　自走車左轉控制策略

綜合上述說明，我們可以將自走車的運行方向分成如表 3-3 所示**前進、後退、快速右轉、慢速右轉、快速左轉、慢速左轉**及**停止**等七種控制策略。

表 3-3　自走車運行方向的控制策略

控制策略	左輪	右輪
前進	反轉	正轉
後退	正轉	反轉
快速右轉	反轉	反轉
慢速右轉	反轉	停止
快速左轉	正轉	正轉
慢速左轉	停止	正轉
停止	停止	停止

旋轉半徑

以自走車右轉為例，如圖 3-25(a)所示快速右轉是左輪反轉、右輪反轉的動作情形，旋轉速度快、旋轉半徑小。如圖 3-25(b)所示慢速右轉是左輪反轉、右輪停止的動作情形，旋轉速度慢、旋轉半徑大。可依實際用途選用合適的旋轉速度及半徑。

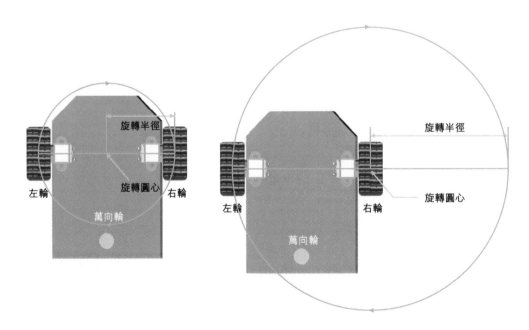

(a) 快速右轉（左輪反轉、右輪反輪）　　(b) 慢速右轉（左輪反轉、右輪停止）

圖 3-25　自走車旋轉半徑

3-4-3 直線運行測試實習

因為自走車還沒有裝置任何感測器，無法感應外界訊息，本節只是利用 Arduino 控制板輸出訊號來控制自走車前進及後退的直線運行。

▢ **功能說明：**

使用 Arduino 控制板控制自走車前進 2 秒、停止 2 秒、後退 2 秒、停止 2 秒，之後再重覆相同動作。因為左、右輪有轉速差，必須利用 PWM 訊號來微調兩輪的轉速，以保持自走車前進、後退的直線性。

程式：ch3_1.ino

```
const int negR=4;                          //右輪馬達負極。
const int posR=5;                          //右輪馬達正極。
const int negL=6;                          //左輪馬達負極。
const int posL=7;                          //左輪馬達正極。
const int pwmR=9;                          //右輪馬達轉速控制。
const int pwmL=10;                         //左輪馬達轉速控制。
//初值設定
void setup()                               //初始化。
{
    pinMode(posR,OUTPUT);                  //設定數位腳4為輸出埠。
    pinMode(negR,OUTPUT);                  //設定數位腳5為輸出埠。
    pinMode(posL,OUTPUT);                  //設定數位腳6為輸出埠。
    pinMode(negL,OUTPUT);                  //設定數位腳7為輸出埠。
    pinMode(pwmR,OUTPUT);                  //設定數位腳9為輸出埠。
    pinMode(pwmL,OUTPUT);                  //設定數位腳10為輸出埠。
}
//主迴圈
void loop()
{
    forward(190,200);                      //前進:左、右輪轉速依實際情形調整。
    delay(2000);                           //2秒。
    pause(0,0);                            //停止。
    delay(2000);                           //2秒。
    back(190,200);                         //後退:左、右輪轉速依實際情形調整。
    delay(2000);                           //2秒。
```

```
        pause(0,0);                                //停止。
        delay(2000);                               //2秒。
}
//前進函式
void forward(byte RmotorSpeed, byte LmotorSpeed)
{
        analogWrite(pwmR,RmotorSpeed);             //右輪轉速。
        analogWrite(pwmL,LmotorSpeed);             //左輪轉速。
        digitalWrite(posR,HIGH);                   //右輪正轉。
        digitalWrite(negR,LOW);
        digitalWrite(posL,LOW);                    //左輪反轉。
        digitalWrite(negL,HIGH);
}
//後退函式
void back(byte RmotorSpeed, byte LmotorSpeed)
{
        analogWrite(pwmR,RmotorSpeed);             //右輪轉速。
        analogWrite(pwmL,LmotorSpeed);             //左輪轉速。
        digitalWrite(posR,LOW);                    //右輪反轉。
        digitalWrite(negR,HIGH);
        digitalWrite(posL,HIGH);                   //左輪正轉。
        digitalWrite(negL,LOW);
}
//停止函式
void pause(byte RmotorSpeed, byte LmotorSpeed)
{
        analogWrite(pwmR,RmotorSpeed);             //右輪轉速。
        analogWrite(pwmL,LmotorSpeed);             //左輪轉速。
        digitalWrite(posR,LOW);                    //右輪停止。
        digitalWrite(negR,LOW);
        digitalWrite(posL,LOW);                    //左輪停止。
        digitalWrite(negL,LOW);
}
```

練習

1. 設計 Arduino 自走車程式，使自走車慢速前進 2 秒、停止 1 秒、慢速後退 2 秒、停止 2 秒，之後重覆相同動作。

2. 設計 Arduino 自走車程式，使自走車快速前進 2 秒、快速後退 2 秒、停止 2 秒、慢速 前進 2 秒、慢速後退 2 秒、停止 2 秒，之後重覆相同動作。

3-4-4 轉彎運行測試實習

因為自走車還沒有裝置任何感測器，無法感應外界訊息，本節只是利用 Arduino 控制板輸出訊號來控制自走車的左轉及右轉的轉彎運行。

☐ **功能說明：**

利用 Arduino 控制板輸出訊號來控制自走車慢速右轉 2 秒、停止 2 秒、再 慢速左轉 2 秒、停止 2 秒，之後再重覆相同動作。因左、右輪有轉速差，必須 利用 PWM 訊號來微調兩輪的轉速，以保持自走車左、右轉具有相的旋轉半徑。

程式：ch3_2.ino

```
const int negR=4;                    //右輪馬達負極。
const int posR=5;                    //右輪馬達正極。
const int negL=6;                    //左輪馬達負極。
const int posL=7;                    //左輪馬達正極。
const int pwmR=9;                    //右輪馬達速度控制。
const int pwmL=10;                   //左輪馬達速度控制。
//初值設定
void setup()
{
    pinMode(posR,OUTPUT);            //設定數位腳 4 為輸出埠。
    pinMode(negR,OUTPUT);            //設定數位腳 5 為輸出埠。
    pinMode(posL,OUTPUT);            //設定數位腳 6 為輸出埠。
    pinMode(negL,OUTPUT);            //設定數位腳 7 為輸出埠。
    pinMode(pwmR,OUTPUT);            //設定數位腳 9 為輸出埠。
    pinMode(pwmL,OUTPUT);            //設定數位腳 10 為輸出埠。
}
```

```
//主迴圈
void loop()
{
    right(200,200);              //右轉 2 秒。
    delay(2000);
    pause(0,0);                  //停止 2 秒。
    delay(2000);
    left(200,200);               //左轉 2 秒。
    delay(2000);
    pause(0,0);                  //停止 2 秒。
    delay(2000);
}
//右轉函式
void right(byte RmotorSpeed, byte LmotorSpeed)
{
    analogWrite(pwmR,RmotorSpeed);     //右輪轉速。
    analogWrite(pwmL,LmotorSpeed);     //左輪轉速。
    digitalWrite(posR,LOW);            //右輪停止。
    digitalWrite(negR,LOW);
    digitalWrite(posL,LOW);            //左輪反轉。
    digitalWrite(negL,HIGH);
}
//左轉函式
void left(byte RmotorSpeed, byte LmotorSpeed)
{
    analogWrite(pwmR,RmotorSpeed);     //右輪轉速。
    analogWrite(pwmL,LmotorSpeed);     //左輪轉速。
    digitalWrite(posR,HIGH);           //右輪正轉。
    digitalWrite(negR,LOW);
    digitalWrite(posL,LOW);            //左輪停止。
    digitalWrite(negL,LOW);
}
//停止函式
void pause(byte RmotorSpeed, byte LmotorSpeed)
{
    analogWrite(pwmR,RmotorSpeed);     //右輪轉速。
    analogWrite(pwmL,LmotorSpeed);     //左輪轉速。
```

```
    digitalWrite(posR,LOW);              //右輪停止。
    digitalWrite(negR,LOW);
    digitalWrite(posL,LOW);              //左輪停止。
    digitalWrite(negL,LOW);
}
```

練習

1. 設計 Arduino 自走車程式，使車子快速右轉 2 秒、停止 2 秒、快速左轉 2 秒、停止 2 秒，之後重覆相同動作。

2. 設計 Arduino 自走車程式，使車子前進 2 秒、後退 2 秒、停止 2 秒、右轉 2 秒、左轉 2 秒、停止 2 秒，之後重覆相同動作。

NOTE

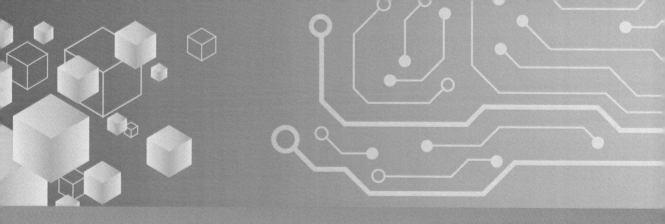

CHAPTER

紅外線循跡
自走車實習

4

4-1　認識紅外線

　　紅外線又稱為**紅外光**，是一種波長介於可見光與微波之間的電磁波。如圖 4-1 所示電磁波頻譜圖中，紅外線的波長介於 760 奈米（nm）至 1000 奈米（nm）之間，**屬於不可見光**，穿透雲霧的能力比可見光強。紅外線常應用在通訊、探測、醫療、軍事等方面。

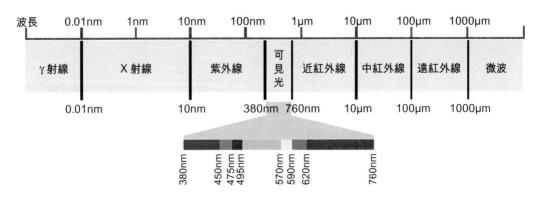

圖 4-1　電磁波頻譜圖

　　為了解決個人電腦、筆記型電腦、印表機、掃瞄器、滑鼠及鍵盤等設備的短距離通訊連線問題。在 1993 年成立了紅外線數據協會（Infrared Data Association，簡記 IrDA），並且在 1994 年發表了 IrDA 1.0 紅外線數據通訊協定。IrDA 是一種利用紅外線進行**點對點、窄角度**（30°錐形範圍）的短距離無線通訊技術，傳輸速率在 9600bps 至 16Mbps 之間。IrDA 具有**體積小、連接方便、安全性高、簡單易用**等優點，但其缺點是**無法穿透實心物體**，而且很**容易受外界光線的干擾**。

4-2　認識紅外線循跡模組

　　常使用在紅外線循跡自走車中的紅外線模組有 CNY70 及 TCRT5000 兩種，特性說明如下。

4-2-1　CNY70 紅外線模組

　　如圖 4-2 所示為 CNY70 紅外線模組，內部包含**波長 950nm** 的紅外線發射器及接收器。圖 4-2(a)所示為 CNY70 的外觀圖，藍色圓孔為紅外線發射二極體，黑色圓孔為受光電晶體。圖 4-2(b)所示為 CNY70 的內部結構頂視圖，使用時必須特別注意受光電晶體的 C、E 腳不可接反。

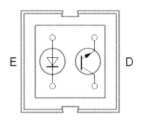

(a) 外觀圖　　　　　　　　　　(b) 內部結構頂視圖

圖 4-2　CNY70 紅外線模組

CNY70 工作距離

如圖 4-3 所示 CNY70 工作距離與集極電流 I_C 的關係，工作距離（working distance，簡記 d）在 0mm~5mm 之間，仍有 20%的相對集極電流 I_C 輸出，**工作距離在 0.5mm 以內**，可以得到最佳的解析度。紅外線模組**離地愈近辨識解析度愈高**，離地愈遠則辨識解析度愈低。

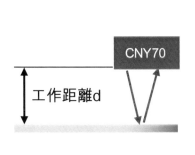

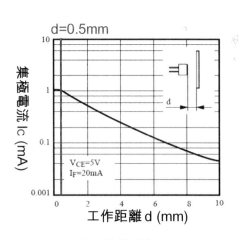

(a) 工作距離　　　　　　　　　　(b) 特性曲線

圖 4-3　CNY70 工作距離與集極電流 I_C 的關係

CNY70 參數額定值

如表 4-1 所示為 CNY70 紅外線模組的參數額定值，設計電路時要注意不可超過額定值，以免將元件燒錄。CNY70 的輸出與輸入電流傳輸比值 $I_C/I_F \times 100\% = 5\%$，在 $I_F = 50$mA 情形下，其 $V_F = 1.25$V，$I_C = 2.5$mA。所選用的輸出負載電阻 R_C 值，**必須滿足 TTL/CMOS 準位**，CNY70 紅外線模組才能正確工作。

表 4-1　CNY70 紅外線模組的參數額定值

埠腳	參數	符號	數值	單位
輸入（發射器）	逆向電壓	V_R	5	V
	順向電流	I_F	50	mA
	順向湧浪電流	I_{FSM}	3	A
	功率消率	P_V	100	mW
	接腳溫度	T_J	100	°C
輸出（接收器）	集射極電壓	V_{CEO}	32	V
	射集極電壓	V_{ECO}	7	V
	集極電流	I_C	50	mA
	功率消率	P_V	100	mW
	接腳溫度	T_J	100	°C

CNY70 紅外線感測電路

　　如圖 4-4 所示 CNY70 紅外線感測電路，在 I_F=50mA 情形下，其 V_F=1.25V。R_1 電阻的選擇必須讓受光電晶體進入飽和導通，但又不可以讓發射二極體的順向電流 I_F 超過額定值 50mA，輸入電流 I_F 愈大，感應距離愈大。每個 CNY70 模組約 20 元。

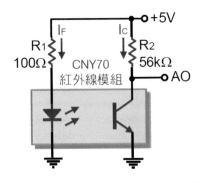

圖 4-4　CNY70 紅外線感測電路

　　由歐姆定律可以得到流過紅外線發射二極體的順向電流 I_F 為 $I_F = \dfrac{5-V_F}{R_1} = \dfrac{5-1.25}{100} = 37.5\text{mA}$，因為 $I_C/I_F \times 100\%$=5%，則 I_C=0.05I_F=1.875mA，已足以讓受光電晶體飽和導通，致使輸出 AO 為低準位。

4-2-2 TCRT5000 紅外線模組

如圖 4-5 所示為 TCRT5000 紅外線模組，包含**波長 950nm** 的紅外線發射器及接收器。圖 4-5(a)所示為 TCRT5000 的外觀圖，藍色元件為紅外線發射二極體，黑色元件為受光電晶體。圖 4-5(b)所示為 TCRT5000 的內部結構頂視圖，使用時必須特別注意**受光電晶體的 C、E 腳不可接反**。

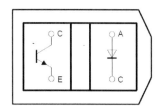

(a) 模組外觀　　　　　　　　　(b) 內部結構頂視圖

圖 4-5　TCRT5000 紅外線模組

TCRT5000 工作距離

如圖 4-6 所示為 TCRT5000 紅外線模組與集極電流 I_C 的關係，工作距離在 0.2mm~15mm 之間，仍有 20%的相對集極電流 I_C 輸出，**工作距離在 2mm 以內**，可以得到最佳解析度。模組離地愈近則辨識解析度愈高，離地愈遠則辨識解析度愈低。本書使用 TCRT5000 模組來製作紅外線循跡自走車，比 CNY70 有較大的感應距離

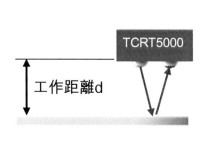

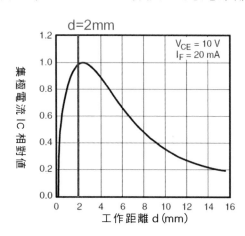

(a) 工作距離　　　　　　　　　(b) 特性曲線

圖 4-6　TCRT5000 工作距離與集極電流 I_C 的關係

TCRT5000 參數額定值

如表 4-2 所示為 TCRT5000 紅外線模組的參數額定值,設計電路時要注意不可超過最大額定值,以免將元件燒錄。TRCT5000 的輸出與輸入電流傳輸比值 $I_C/I_F \times 100\% = 10\%$,在 $I_F=60mA$ 情形下,$V_F=1.25V$,$I_C=6mA$。所選用的輸出負載電阻 R_C 值,**必須滿足 TTL/CMOS 準位**,TCRT5000 紅外線模組才能正確工作。

表 4-2　TCRT5000 紅外線模組的參數額定值

埠腳	參數	符號	數值	單位
輸入（發射器）	逆向電壓	V_R	5	V
	順向電流	I_F	60	mA
	順向湧浪電流	I_{FSM}	3	A
	功率消耗	P_V	100	mW
	接腳溫度	T_J	100	°C
輸出（接收器）	集射極電壓	V_{CEO}	70	V
	射集極電壓	V_{ECO}	5	V
	集極電流	I_C	100	mA
	功率消耗	P_V	100	mW
	接腳溫度	T_J	100	°C

TCRT5000 紅外線感測電路

如圖 4-7 所示 TCRT5000 紅外線感測電路,在 $I_F=60mA$ 情形下,其 $V_F=1.25V$。R_1 電阻的選擇必須讓受光電晶體進入飽和導通,但又不可以讓發射二極體順向電流 I_F 超過額定值 60mA,輸入電流 I_F 愈大,感應距離愈大。每個 TCRT5000 模組 15 元。

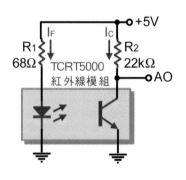

圖 4-7　TCRT5000 紅外線感測電路

由歐姆定律可以得到流過紅外線發射二極體的順向電流 I_F 為

$I_F = \dfrac{5 - V_F}{R_1} = \dfrac{5 - 1.25}{68} = 55mA$，因為 $I_C/I_F \times 100\% = 10\%$，則 $I_C = 0.1I_F = 5.5mA$，已足以讓受

光電晶體飽和導通，致使輸出 AO 為低準位。

4-2-3 紅外線循跡模組

對於一個從未學習過電子、資訊相關知識的初學者而言，使用模組是比較簡單
的方法，但相對價格比自製電路還高。常用的 TCRT5000 紅外線循跡模組，依輸出
的資料型態可以分成三線式及四線式兩種。

三線式 TCRT5000 紅外線循跡模組

如圖 4-8 所示三線式 TCRT5000 紅外線循跡模組，包含電源 VCC、接地 GND
及數位輸出 OUT 等三支腳。內部使用一個 LM393 比較器，由半可變電阻 SVR1 來
調整比較值，以得到準位明確的數位輸出。當自走車行進在**黑色軌道**上時，黑色吸
光不反射，**受光電晶體截止**，OUT 輸出邏輯 1。反之，當自走車行進在**白色地面**上
時，紅外線經由地面反射至受光電晶體，流過紅外線二極體的順向電流

$I_F = \dfrac{V_{CC} - V_F}{R_1} = \dfrac{5 - 1.25}{68} = 55mA$，因為 I_C 與 I_F 的電流轉換比為 10%，則 $I_C = 5.5mA$，將會使

受光電晶體飽和導通，OUT 輸出邏輯 0。如果不是與軌道對比強烈的**白色地面**，可
以使用 SVR1 來調整軌道的感應靈敏度。TCRT5000 紅外線循跡模組約 100 元。

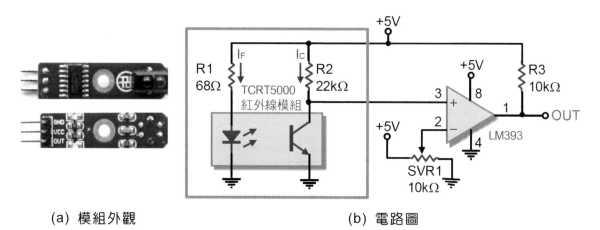

(a) 模組外觀　　　　　　　　　　　　(b) 電路圖

圖 4-8　三線式 TCRT5000 紅外線循跡模組

四線式 TCRT5000 紅外線循跡模組

如圖 4-9 所示四線式 TCRT5000 紅外線循跡模組，比三線式增加了類比輸出腳（analog output，簡記 AO）。當車子行進在**黑色軌道**上時，黑色吸光不反射，受光電晶體截止，類比輸出 AO 為高電位。當車子行進在**白色地面**上時，紅外線經由地面反射至受光電晶體，流過紅外線二極體的順向電流 $I_F = \dfrac{V_{CC} - V_F}{R_1} = \dfrac{5-1.25}{68} = 55mA$，因為 I_C 與 I_F 的電流轉換比 10%，則 $I_C = 5.5mA$，致使受光電晶體飽和導通，類比輸出 AO 為低電位。

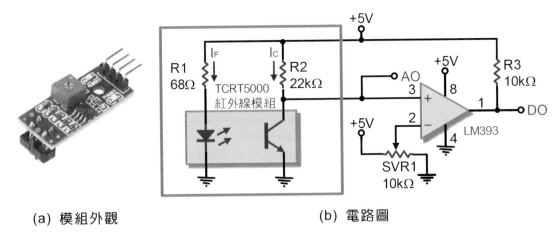

(a) 模組外觀　　　　　　　　　　(b) 電路圖

圖 4-9　四線式 TCRT5000 紅外線循跡模組

如果不是與軌道對比強烈的**白色地面**，部份紅外線將會被地面吸收，則反射至受光電晶體的紅外線將會變弱，使類比輸出 AO 低準位電壓上升，因而降低了感應的靈敏度。我們可以**將類比輸出 AO 連接至 Arduino UNO 板的類比輸入端 A0~A5，藉由調整轉換後的比較值，來調整紅外線模組的感應靈敏度。**

4-2-4　紅外線模組數目

自走車使用的模組數目愈多，在轉彎時愈能夠滑順的運行在軌道上，使用較高的運行車速也不會衝出軌道，但相對成本較高。紅外線循跡自走車使用兩個、三個、四個、五個、七個等紅外線模組，都可以達到循跡運行的目的。多數的紅外線循跡自走車如圖 4-10 所示，使用三個或五個紅外線模組，兩者特性說明如下：

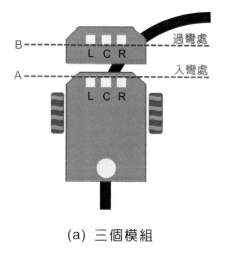

(a) 三個模組

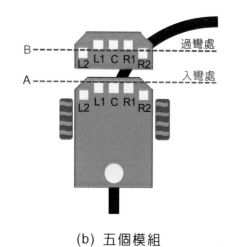

(b) 五個模組

圖 4-10　紅外線模組數目

　　如圖 4-10(a)所示使用三個紅外線模組，自走車進入軌道 **A 點入彎處**，紅外線感應到轉彎軌道，回傳至微控制器驅動左、右輪馬達使自走車右轉。但若車速太快，紅外線模組將會來不及感應，自走車直線前進至軌道 **B 點過彎處**而衝出軌道，無法順利轉彎。三組紅外線循跡模組的優點是**成本低**，缺點是**車速慢**。

　　如圖 4-10(b)所示使用五個紅外線模組，自走車進入軌道 **A 點入彎處**，紅外線感應到轉彎軌道，回傳至微控制器驅動左、右輪馬達使自走車右轉。但若車速太快，R1 紅外線模組將會來不及感應，自走車直線前進至軌道 **B 點過彎處**，R2 紅外線模組仍可感應到轉彎軌道，使自走車能順利轉彎。五組紅外線循跡模組的優點是**車速快**，缺點是**成本高**。

4-2-5　紅外線模組排列間距

　　紅外線模組的排列間距會影響自走車轉彎的準確度，如圖 4-11(a)所示模組的間距太小時，雖然在軌道 **A 點入彎處**就能感應到軌道轉彎路徑，但若車速太快、彎角太小，很容易衝出軌道，而且模組間距太小也容易相互干擾，造成誤動作。

　　如圖 4-11(b)所示模組的間距太大時，直到軌道 **B 點過彎處**才能感應到轉彎路徑，但反應時間過短，自走車很容易衝出軌道。循跡自走車競賽的軌道大多選用 1.9 公分寬的黑色或白色電工膠帶，因此紅外線循跡模組的排列間距只要大於 1.9/2 公分即可，**建議值為 1.5~2 公分**。

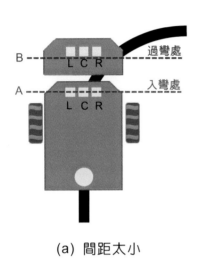

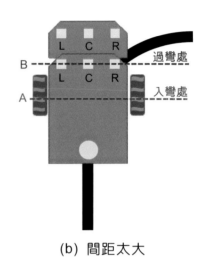

(a) 間距太小　　　　　　　　　　　　(b) 間距太大

圖 4-11　紅外線模組排列間距

4-3　認識紅外線循跡自走車

所謂紅外線循跡自走車（line-following robot）是指自走車可以自動運行在預先規畫的黑色軌道上。其工作原理是利用紅外線發射器發射紅外線訊號至地面軌道，經由紅外線受光電晶體感應反射光的強弱並且轉換成電壓值。經由微控制器比較並修正自走車的行進方向，使自走車能自動運行在軌道上。不同顏色對光的反射程度不同，**黑色吸光反射率最低**，模組輸出高電位（邏輯 1），**白色反光反射率最高**，模組輸出低電位（邏輯 0）。如表 4-3 所示為使用三個紅外線循跡模組的紅外線循跡自走車運行方向的控制策略，其運行情形說明如下：

表 4-3　紅外線循跡自走車運行方向的控制策略

紅外線模組 L	紅外線模組 C	紅外線模組 R	控制策略	左輪	右輪
0	0	0	前進	反轉	正轉
0	0	1	快速右轉	反轉	反轉
0	1	0	前進	反轉	正轉
0	1	1	慢速右轉	反轉	停止
1	0	0	快速左轉	正轉	正轉
1	0	1	不會發生	停止	停止
1	1	0	慢速左轉	停止	正轉
1	1	1	停止	停止	停止

如圖 4-12 所示為紅外線循跡自走車的運行情形，使用左（left，簡記 L）、中
（center，簡記 C）、右（right，簡記 R）三組紅外線模組。當紅外線模組感應到黑色
軌道時，黑色吸光不反射，紅外線模組輸出高電位（high potential，簡記 H 或邏輯 1）。
反之，當紅外線模組沒有感應到黑色軌道時，會有一定程度的反射，紅外線輸出低
電位（low potential，簡記 L 或邏輯 0）。

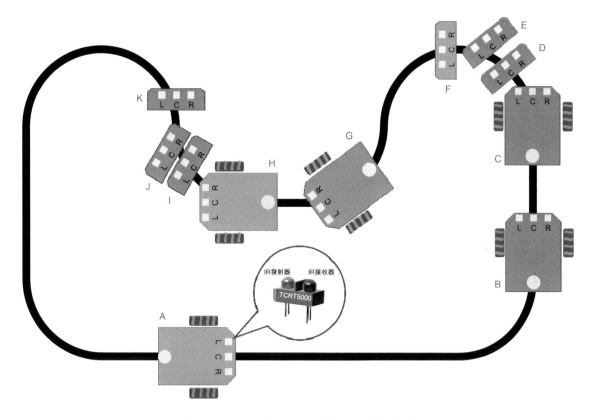

圖 4-12　紅外線循跡自走車的運行情形

當自走車行進至位置 A 及 B 時，模組 LCR 狀態為 010，自走車繼續**前進**。當自
走車行進至位置 C 時，模組 LCR 狀態為 110，自走車偏離在軌道右方，必須**左轉彎**。
當自走車行進至位置 E 時，模組 LCR 狀態為 100，自走車嚴重偏離在軌道右方，必
須**快速左轉彎**修正運行路線，否則自走車會衝出軌道。當自走車行進至位置 G 時，
模組 LCR 狀態為 011，自走車偏離在軌道左方，必須**右轉彎**。當自走車行進至位置
H 時，模組 LCR 狀態為 001，自走車嚴重偏離在軌道左方，必須**快速右轉彎**修正運
行路線，否則自走車會衝出軌道。

4-4　自造紅外線循跡自走車

如圖 4-13 所示紅外線循跡自走車電路接線圖，包含**紅外線循跡模組**、Arduino **控制板**、**馬達驅動模組**、**馬達組件**及**電源電路**等五個部份。

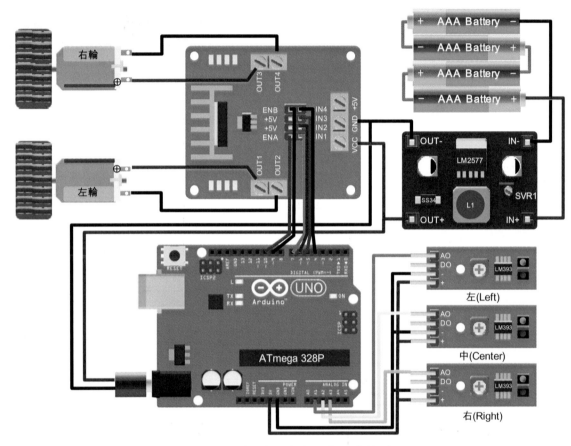

圖 4-13　紅外線循跡自走車電路接線圖

紅外線循跡模組

使用如圖 4-9(a)所示四線式紅外線循跡模組，將左、中、右等三組類位輸出 AO 值分別連接至類比輸入 A1、A2、A3 等接腳，由 Arduino 板的+5V 供電給紅外線循跡模組，再以 analoglRead(Pin)指令來讀取狀態，其中 Pin 為類比輸入 A0~A5。如果使用如圖 4-8(a)所示三線式紅外線循跡模組只有數位輸出 OUT，必須以 digitalRead(Pin)指令來讀取狀態，其中 Pin 為數位輸入 0~13。如果為了節省成本，也可以依圖 4-7 所示紅外線感測電路圖自行製作並組合所需要的模組數目。

Arduino 控制板

Arduino 控制板為控制中心，檢測左、中、右等三組紅外線循跡模組的類比輸出 AO 值，並依表 4-3 所示紅外線循跡自走車運行方向的控制策略，來驅動左、右兩組減速直流馬達的運轉方向，使車子能正確行進在軌道上。

馬達驅動模組

馬達驅動模組使用 L298 驅動 IC 來控制兩組減速直流馬達，其中 IN1、IN2 輸入訊號控制左輪轉向，而 IN3、IN4 輸入訊號控制右輪轉向。另外，Arduino 控制板輸出兩組 PWM 訊號連接至馬達驅動模組的 ENA 及 ENB 腳，分別控制左輪及右輪的轉速。因為馬達有最小的啟動轉矩電壓，所輸出的 PWM 訊號平均值不可太小，以免無法驅動馬達轉動。PWM 訊號只能微調馬達轉速，如果需要較低的轉速，可以改用較大減速比的減速直流馬達。

馬達組件

馬達組件包含兩組 300rpm/min（測試條件：6V）的金屬減速直流馬達、兩個固定座、兩個 D 型接頭 43mm 橡皮車輪及一個萬向輪，橡皮材質輪子比塑膠材質磨擦力大而且控制容易。

電源電路

電源模組包含四個 1.5V 一次電池或四個 1.2V 充電電池及 DC-DC 升壓模組，調整 DC-DC 升壓模組中的 SVR1 可變電阻，使輸出升壓至 9V，再將其連接供電給 Arduino 控制板及馬達驅動模組。如果是使用兩個 3.7V 的 18650 鋰電池，可以不用再使用 DC-DC 升壓模組。每個容量 2000mAh 的 1.2V 鎳氫電池約 90 元，每個容量 3000mAh 的 18650 鋰電池約 250 元。

☐ **功能說明：**

使紅外線循跡自走車能夠自動運行在預先規畫的**黑色軌道**上。請依實際狀況調整自走車的行進速度，以免車速過快而衝出軌道。一般地面顏色都不是與黑色軌道對比強烈的白色，會降低紅外線的反射率，使低準位輸出電壓過高。可以利用調整比較電壓值來提高感應靈敏度，以免產生誤動作。

如果是使用三線式紅外線模組或四線式紅外線模組的 DO 輸出，必須連接至 Arduino 板的數位輸入腳，並且調整紅外線模組上的可變電阻改變比較器電

壓，以提高紅外線循跡自走車對軌道的感應靈敏度。如果是使用四線式紅外線
模組的 AO 輸出，必須連接至 Arduino 板的類比輸入腳，並且調整 analogRead()
函式所讀取轉換的比較值，以提高紅外線循跡自走車對軌道的感應靈敏度。

程式：ch4_1.ino

```
const int negR=4;                          //右輪馬達負極。
const int posR=5;                          //右輪馬達正極。
const int negL=6;                          //左輪馬達負極。
const int posL=7;                          //左輪馬達正極。
const int pwmR=9;                          //右輪馬達轉速控制。
const int pwmL=10;                         //左輪馬達轉速控制。
const int irD1=A1;                         //左(left)紅外線循跡模組。
const int irD2=A2;                         //中(center)紅外線循跡模組。
const int irD3=A3;                         //右(right)紅外線循跡模組。
const int Rspeed=200;                      //右馬達轉速控制初值。
const int Lspeed=200;                      //左馬達轉速控制初值。
byte IRstatus=0;                           //紅外線循跡模組感應值。
//初值設定
void setup()
{
    pinMode(negR,OUTPUT);                  //設定數位腳 4 為輸出腳。
    pinMode(posR,OUTPUT);                  //設定數位腳 5 為輸出腳。
    pinMode(negL,OUTPUT);                  //設定數位腳 6 為輸出腳。
    pinMode(posL,OUTPUT);                  //設定數位腳 7 為輸出腳。
    pinMode(irD1,INPUT_PULLUP);            //設定類比腳 A1 為含提升電阻的輸入腳。
    pinMode(irD2,INPUT_PULLUP);            //設定類比腳 A2 為含提升電阻的輸入腳。
    pinMode(irD3,INPUT_PULLUP);            //設定類比腳 A3 為含提升電阻的輸入腳。
}
//主迴圈
void loop()
{
    int val;                               //輸入類比信號值。
    IRstatus=0;                            //清除紅外線循跡模組感應值。
    val=analogRead(irD1);                  //讀取「左 L」紅外線循跡模組感應值。
    if(val>=150)                           //感應到黑色軌道?
        IRstatus=(IRstatus+4);             //設定感應值位元 2 為 1。
    val=analogRead(irD2);                  //讀取「中 C」紅外線循跡模組感應值。
```

```
    if(val>=150)                              //感應到黑色軌道？
        IRstatus=(IRstatus+2);                //設定感應值位元1為1。
    val=analogRead(irD3);                     //讀取「右R」紅外線循跡模組感應值。
    if(val>=150)                              //感應到黑色軌道？
        IRstatus=(IRstatus+1);                //設定感應值位元0為1。
    driveMotor(IRstatus);                     //依IRstatus值設定馬達轉向及轉速。
}
//馬達轉向控制函式
void driveMotor(byte IRstatus)
{
    switch(IRstatus)
    {
        case 0:                               //LCR=000:白白白。
            forward(Rspeed,Lspeed);           //車子繼續前進。
            break;
        case 1:                               //LCR=001:白白黑。
            right(1,Rspeed,Lspeed);           //車子嚴重偏左，調整車子快速右轉。
            break;
        case 2:                               //LCR=010:白黑白。
            forward(Rspeed,Lspeed);           //車子繼續前進。
            break;
        case 3:                               //LCR=011:白黑黑。
            right(0,Rspeed,Lspeed);           //車子輕微偏左，調整車子慢速右轉。
            break;
        case 4:                               //LCR=100:黑白白。
            left(1,Rspeed,Lspeed);            //車子嚴重偏右，調整車子快速左轉。
            break;
        case 5:                               //LCR=101:黑白黑。
            pause(0,0);                       //不可能發生，車子停止。
            break;
        case 6:                               //LCR=110:黑黑白。
            left(0,Rspeed,Lspeed);            //車子輕微偏右，調整車子慢速左轉。
            break;
        case 7:                               //LCR=111:黑黑黑。
            pause(0,0);                       //車子停止。
            break;
    }
```

```
}
//前進函式
void forward(byte RmotorSpeed, byte LmotorSpeed)
{
    analogWrite(pwmR,RmotorSpeed);        //設定右輪轉速。
    analogWrite(pwmL,LmotorSpeed);        //設定左輪轉速。
    digitalWrite(posR,HIGH);              //右馬達正轉。
    digitalWrite(negR,LOW);
    digitalWrite(posL,LOW);               //左馬達反轉。
    digitalWrite(negL,HIGH);
}
//後退函式
void back(byte RmotorSpeed, byte LmotorSpeed)
{
    analogWrite(pwmR,RmotorSpeed);        //設定右輪轉速。
    analogWrite(pwmL,LmotorSpeed);        //設定左輪轉速。
    digitalWrite(posR,LOW);               //右馬達反轉。
    digitalWrite(negR,HIGH);
    digitalWrite(posL,HIGH);              //左馬達正轉。
    digitalWrite(negL,LOW);
}
//停止函式
void pause(byte RmotorSpeed, byte LmotorSpeed)
{
    analogWrite(pwmR,RmotorSpeed);        //設定右輪轉速。
    analogWrite(pwmL,LmotorSpeed);        //設定左輪轉速。
    digitalWrite(posR,LOW);               //右馬達停止。
    digitalWrite(negR,LOW);
    digitalWrite(posL,LOW);               //左馬達停止。
    digitalWrite(negL,LOW);
}
//右轉函式
void right(byte flag, byte RmotorSpeed, byte LmotorSpeed)
{
    analogWrite(pwmR,RmotorSpeed);        //設定右輪轉速。
    analogWrite(pwmL,LmotorSpeed);        //設定左輪轉速。
    if(flag==1)                           //flag=1，馬達快速轉向。
```

```
    {
        digitalWrite(posR,LOW);        //右馬達反轉。
        digitalWrite(negR,HIGH);
        digitalWrite(posL,LOW);        //左馬達反轉。
        digitalWrite(negL,HIGH);
    }
    else                               //flag=0，馬達慢速轉向。
    {
        digitalWrite(posR,LOW);        //右馬達停止。
        digitalWrite(negR,LOW);
        digitalWrite(posL,LOW);        //左馬達反轉。
        digitalWrite(negL,HIGH);
    }
}
//左轉函式
void left(byte flag, byte RmotorSpeed, byte LmotorSpeed)
{
    analogWrite(pwmR,RmotorSpeed);     //調整右馬達轉速。
    analogWrite(pwmL,LmotorSpeed);     //調整左馬達轉速。
    if(flag==1)                        //flag=1，馬達快速左轉。
    {
        digitalWrite(posR,HIGH);       //右馬達正轉。
        digitalWrite(negR,LOW);
        digitalWrite(posL,HIGH);       //左馬達正轉。
        digitalWrite(negL,LOW);
    }
    else                               //flag=0，馬達慢速左轉。
    {
        digitalWrite(posR,HIGH);       //右馬達正轉。
        digitalWrite(negR,LOW);
        digitalWrite(posL,LOW);        //左馬達停止。
        digitalWrite(negL,LOW);
    }
}
```

練習

1. 設計 Arduino 循跡自走車程式，利用 Arduino 板檢測三組紅外線循跡模組的數位輸出 DO 值，並且控制左、右輪使車子能正確運行在「黑色」軌道上。

2. 設計 Arduino 循跡自走車程式，利用 Arduino 板檢測三組紅外線循跡模組的類比輸出 AO 值，並且控制左、右輪使車子能正確運行在「白色」軌道上。

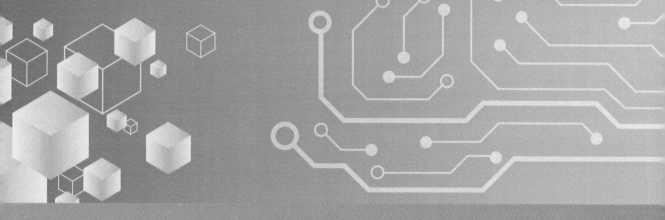

CHAPTER

紅外線遙控自走車實習

5

5-1　認識無線通訊

　　人類早期的溝通方式是使用語言及文字，自 1876 年貝爾（bell）發明有線電話以來，大大延伸了人類生活的空間範圍。有線通訊最主要的優點是**高傳輸率**、**高保密性**及**高服務品質**，但有線通訊成本較高，而且受到環境的限制。近年來各種無線通訊技術迅速發展，例如紅外線（Infrared，簡記 IR）、無線射頻辨識（Radio Frequency IDentification ，簡記 RFID）、藍牙（Bluetooth）、ZigBee、無線區域網路 802.11（Wi-Fi）及微波通訊等，均已普遍應用於日常生活中。無線通訊技術除了提高使用的方便性之外，也能有效減少纜線所造成的困擾。

5-2　認識紅外線發射模組

　　如圖 5-1 所示紅外線發射模組方塊圖，內部電路包含**編碼電路**、**載波電路**、**調變電路**、**放大器**及**紅外線發射二極體**等。

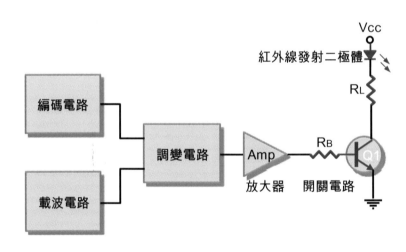

圖 5-1　紅外線發射模組方塊圖

　　紅外線發射模組以調變的方式將**編碼數據**和**固定頻率載波**進行調變後再傳送出去，即可以提高發射效率，又可以降低功率消耗。紅外線遙控常應用在電視機、冷氣機、投影機、微電腦風扇、電動門、汽車防盜等設備上。紅外線通訊能有效抵抗低頻電源訊號的干擾，而且具有**編解碼容易**、**電路簡單**、**功率消耗低**及**成本低**等優點。紅外線**具有方向性**，而且**無法穿透物體**，只有在圓錐狀光束中心點向外的一定角度θ內才能接收到訊號，角度θ=0°的傳輸距離最遠，角度愈大則傳輸距離愈短。

5-2-1 編碼電路

使用紅外線進行遠端遙控時，必須先將每個按鍵編碼成指令，而且每一個按鍵指令都應該是獨一無二的，不可重覆。當遠端紅外線接收器接收到紅外線編碼訊號，並且加以解碼後，再依不同的按鍵指令執行不同的功能，所謂指令是指由邏輯 0 及邏輯 1 組合而成的二進碼。不同廠商會有不同的紅外線協定，所定義的**指令格式**及**位元編碼方式**也不相同，以最通行的 NEC、Philips RC5 及 SONY 等三家廠商的紅外線協定來說明。

NEC 紅外線協定

如圖 5-2 所示 NEC 紅外線協定的編碼格式，使用 8 位元位址（adress）碼及 8 位元指令（command）碼，因為是使用 8 位元指令碼，所以最多可以編碼 256 個按鍵。NEC 編碼格式包括起始（start）碼、位址碼、反向位址碼、指令碼以及反向指令碼，訊號都是由最小有效位元（Least Significant Bit，簡記 LSB）開始傳送。其中起始碼是由 9ms 邏輯 1 訊號及 4.5ms 邏輯 0 訊號所組成，而位址碼及指令碼皆傳送兩次，是為了增加遠端遙控的可靠性。

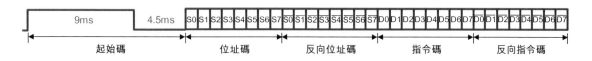

圖 5-2 NEC 紅外線協定的編碼格式

在 NEC 紅外線協定中的位元資料是使用如圖 5-3 所示**脈波間距編碼**（pulse-distance coding），邏輯 0 是發射 560us 的紅外線訊號，再停止 560us 的時間，而邏輯 1 是發射 560us 的紅外線訊號，再停止約三倍 560us 的時間 1.68ms。

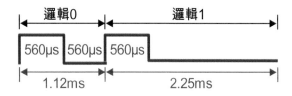

圖 5-3 NEC 紅外線協定的脈波間距編碼

Philips RC5 紅外線協定

如圖 5-4 所示 Philips RC5 紅外線協定的編碼格式，包含 2 位元起始位元（S1、S2）、1 位元控制（control，簡記 C）位元、5 位元位址碼及 6 位元指令碼，訊號都是由 LSB 位元開始傳送。因為是使用 6 位元指令碼，所以最多可以編碼 64 個按鍵，在 RC5 的擴充模式下可以使用 7 位元指令碼，擴充編碼 128 個按鍵。RC5 的起始位元 S1、S2 通常是邏輯 1；控制位元 C 在每次按下按鍵後，邏輯準位會反向，這樣就可以區分同一個按鍵是一直被按著不放，還是重覆按。如果是一直按著相同鍵不放，則控制位元 C 不會反向，如果是重覆按相同鍵，則控制位元 C 會反向。

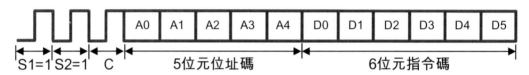

圖 5-4　Philips RC5 紅外線協定的編碼格式

在 Philips RC5 紅外線協定中的位元資料是使用如圖 5-5 所示**雙相位編碼（bi-phase coding）**，其中邏輯 0 是先發射 889us 的紅外線訊號，再停止 889us 的時間。邏輯 1 是先停止 889us 的時間，再發射 889us 紅外線訊號。邏輯 0 與邏輯 1 的相位編碼方式也可以互換。

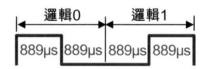

圖 5-5　Philips RC5 紅外線協定的雙相位編碼

SONY 紅外線協定

如圖 5-6 所示 SONY 紅外線協定的編碼格式，由 13 個位元所組成，包含 1 位元起始位元、7 位元指令碼及 5 位元位址碼，訊號都是由 LSB 位元開始傳送。因為是使用 7 位元指令碼，所以最多可以編碼 128 個按鍵。起始位元是由 2.4ms 邏輯 1 訊號及 0.6ms 邏輯 0 訊號組成。

圖 5-6　SONY 紅外線協定的編碼格式

在 SONY 紅外線協定中的位元資料是使用如圖 5-7 所示**脈波長度編碼**（pulse-length coding），其中邏輯 0 是先發射 0.6ms 紅外線訊號，再停止 0.6ms 的時間。邏輯 1 是先發射 1.2ms 的紅外線訊號，再停止 0.6ms 的時間。

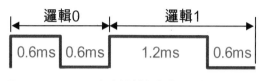

圖 5-7　SONY 紅外線協定的脈波長度編碼

5-2-2 載波電路與調變電路

在紅外線通訊中常用的載波（carrier）頻率在 30kHz 到 60kHz 之間，其中以 30、33、36、38、40 及 56 kHz 等載波較為通用。例如 Philips RC5 紅外線協定使用 36kHz 載波，NEC 紅外線協定使用 38kHz 載波，SONY 紅外線協定使用 40kHz 載波。

紅外線訊號的發射與否，與位元資料的邏輯準位有關，當位元資料為邏輯 1 時則發射紅外線訊號，當位元資料為邏輯 0 時則停止發射。如圖 5-8(a)所示是直接將編碼完成的紅外線訊號發射出去，很容易受到周圍環境光源的干擾，傳送距離不遠，而且功率消耗較大。如圖 5-8(b)所示是利用調變（modulation）技術，將資料加上**高頻載波**傳送出去，不僅可以抵抗周圍環境光源的干擾，增加傳輸距離，而且功率消耗較小。

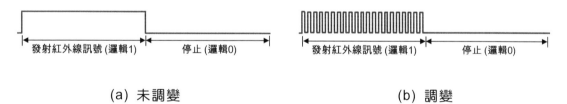

(a) 未調變　　　　　　　　　　　　　(b) 調變

圖 5-8　紅外線訊號

5-3　認識紅外線接收模組

如圖 5-9 所示紅外線（irfraferd，簡記 IR）接收模組方塊圖，內部電路包含**紅外線接收二極體**、**放大器**（amplifier）、**限幅器**、**帶通濾波器**（bandpass filter）、**解調變電路**（demodulator）、**積分器**（integrator）及**比較器**（comparator）等。當紅外線接收二極體接收到紅外線訊號時，會將訊號送到放大器放大，並且由限幅器來限

制脈波振幅,以減少雜訊干擾。限幅器輸出訊號至帶通濾波器濾除 30kHz~60kHz 以外的載波。帶通濾波器的輸出再經由解調變電路、積分器及比較器等電路,還原紅外線發射器所發送的數位訊號。

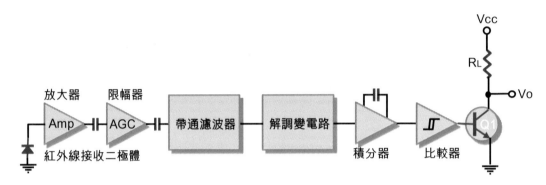

圖 5-9 紅外線接收模組方塊圖

5-3-1 紅外線接收模組

如圖 5-10 所示為日製 38kHz 載波,940nm 波長紅外線接收模組,最大距離可達 35 公尺,包含電源 V_{CC}、接地 GND 及信號輸出 Vo 等三支腳。紅外線接收模組的種類很多,在使用時必須特別注意接腳定義及其特性。另外,發射器與接收器的紅外線訊號,**必須使用相同載波頻率及波長**,一般家電用的紅外線遙控器使用 **38kHz 載波、940nm 波長**的紅外線,如果載波或波長不相同,可能會降低傳輸距離及可靠性。

(a) 元件外觀   (b) 接腳

圖 5-10 紅外線接收模組

如圖 5-11 所示為日製 IRM2638 紅外線接收模組的接收角度θ與相對傳輸距離的關係,在直線θ=0°時,相對傳輸最大距離為 1.0。當接收角度愈小時,相對傳輸距離愈長,反之當接收角度愈大時,相對傳輸距離愈短。IRM2638 紅外線接收模組上、下、左、右等最大接收角度為 45°,在 0°位置的最大接收距離為 14 公尺,在 45°位置的最大接收距離為 6 公尺。每個 IRM2638 紅外線接收模組約 20 元。

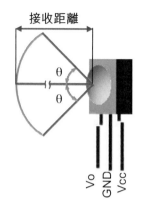

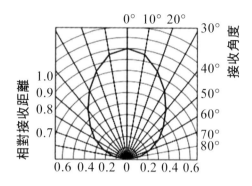

(a) 接收角度　　　　　　　　　　(b) 特性曲線

圖 5-11　IRM2638 紅外線接收模組的接收角度θ與相對接收距離的關係

5-3-2 IRremote.h 函式庫

　　IRremote.h 是一個支援 Arduino 紅外線通訊的函式庫，由 Ken Shirriff 所撰寫，用來傳送或接收紅外線訊號。IRremote.h 函式庫可以使用 Arduino 板的**任意數位腳**來當做接收腳，但所使用的 IR 接收模組必須內含帶通濾波器（bandpass filter），才能正確接收資料。使用時必須將 #include <IRremote.h> 指令置於程式最前端。IRremote.h 函式庫可至網址 http://www.pjrc.com/teensy/td_libs_IRremote.html 下載 IRremote.zip，手動安裝利用解壓縮軟體將其解壓縮後，再存入/arduino/libraries 資料夾內。我們也可以使用 Arduino IDE 軟體來自動安裝，方法如下所述。

STEP 1

A. 開啟網站 www.pjrc.com/
　 teensy/
　 td_lib_IRremote.html。

B. 點選【IRremote.zip】選
　 項，將其下載並儲存至
　 Arduino /libraries 資料
　 夾中。

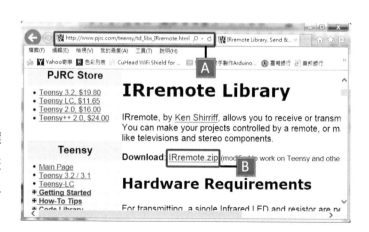

Arduino自走車最佳入門與應用
打造輪型機器人輕鬆學

A. 開啟 Arduino IDE 軟體。

B. 點選【草稿碼】【匯入程式庫】
【Add Library…】。

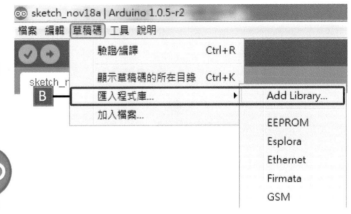

STEP 3

A. 在搜尋位置【Look in:】找
到 libraries 資料夾。

B. 點選壓縮檔 IRremote.zip。

C. 按【Open】，Arduino IDE
軟體會自動將其解壓縮並安
裝在/libraries 資料夾中。

IRrecv( )函式

　　IRrecv( )函式的功用是建立一個**紅外線接收物件**，並且用來接收紅外線訊號，物件名稱可以由使用者自訂。有一個參數 receivePin 必須設定，receivePin 參數用來設定 Arduino 板接收紅外線訊號的**數位接腳**，沒有傳回值。

格式：IRrecv irrecv(receivePin)
範例：IRrecv irrecv(2)　　　　　　　　//建立 irrecv 物件，數位腳 2 為 IR 接收腳。

enableIRin( )函式

　　enableIRin()函式的功用是**致能紅外線接收**，開啟紅外線的接收程序，每 50μs 會產生一次計時器中斷，用來檢測紅外線的接收狀態，沒有傳入值及傳回值。

格式：irrecv.enableIRin()

範例：irrecv.enableIRin()   //致能紅外線接收。

decode( )函式

decode( )函式的功用是**接收並解碼紅外線訊號**，必須使用資料型態 **decode_results** 來定義一個接收訊號的儲存位址，例如：decode_results results。如果接收到紅外線訊號，則傳回 true，將訊號解碼後再儲存在 results 變數中；如果沒有接收到紅外線訊號，則傳回 false。所傳回的紅外線訊號包含**解碼型式**（decode_type）、**按鍵代碼**（value）及**代碼使用的位元數**（bits）等。

每家廠商都有自己專屬的紅外線通訊協定（protocol），IRremote.h 函式庫支援多數通訊協定，如 NEC、Philips RC5、Philips RC6、SONY 等，如果是沒有支援的通訊協定，則傳回 UNKNOWN 解碼型式。另外，每個按鍵都有獨特的代碼，通常是 12~32 個位元。按住按鍵不放時，不同廠商會有不同的重覆代碼，有些是傳送相同的按鍵代碼，有些則是傳送特殊的重覆代碼。

格式：irrecv.decode(&results)

範例：irrecv.decode(&results)   //接收並解碼紅外線訊號。

resume( )函式

在使用 decode( )函式接收完紅外線訊號後，必須使用 resume( )函式來**重置 IR 接收器**，才能再接收另一筆紅外線訊號。

格式：irrecv.resume()

範例：irrecv.resume()   //重置 IR 接收器。

blink13( )函式

blink13()函式的功用是**致能** Arduino 板指示燈 L（數位腳 13）動作，當接收到紅外線訊號時，指示燈 L 會閃爍一下。因為紅外線是不可見光，使用指示燈 L 當作**視覺回饋**是很有用的一種方式。

格式：irrecv.blink13(true)

範例： irrecv.blink13(true)   //接收到代碼時，指示燈 L(數位腳 13)會閃爍一下。

5-4　認識紅外線遙控自走車

　　所謂紅外線遙控自走車是指可以由紅外線遙控器來遙控自走車**前進**、**後退**、**右轉**、**左轉**及**停止**等運行動作。本章使用如圖 5-12 所示 40mm×85mm 紅外線遙控器來遙控自走車，可以使用任何紅外線遙控器來取代。在使用任何紅外線遙控器來遙控自走車之前，必須先使用紅外線接收電路來讀取紅外線遙控器的按鍵代碼，再依此按鍵代碼來控制自走車運行。如表 5-1 所示為紅外線遙控自走車運行方向的控制策略。

圖 5-12　40mm×85mm 紅外線遙控器

表 5-1　自走車運行方向的控制策略

原來按鍵	重訂按鍵	按鍵代碼	控制策略	左輪	右輪
❷	▲	FF18E7	前進	反轉	正轉
❽	▼	FF4AB5	後退	正轉	反轉
❻	▶	FF5AA5	右轉	反轉	停止
❹	◀	FF10EF	左轉	停止	正轉
❺	■	FF38C7	停止	停止	停止

5-4-1 讀取紅外線遙控器按鍵代碼

如圖 5-13 所示為紅外線接收電路接線圖，包含**紅外線遙控器、紅外線接收模組**及 Arduino **控制板**等三個部份。

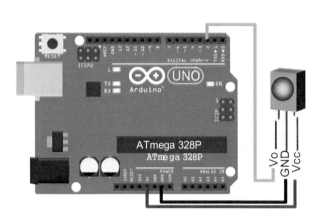

圖 5-13　紅外線接收電路圖

紅外線遙控器

如圖 5-14(a)所示為本章所使用的 40mm×85mm 紅外線遙控器，將其按鍵功能重新定義如圖 5-14(b)所示按鍵，其中按鍵 2 為**前進**鍵、按鍵 8 為**後退**鍵、按鍵 6 為**右轉**鍵、按鍵 4 為**左轉**鍵、按鍵 5 為**停止**鍵。

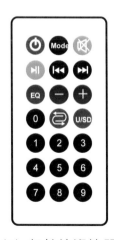

(a) 紅外線遙控器　　　　　　　　(b) 重新定義按鍵功能

圖 5-14　40mm×85mm 紅外線遙控器按鍵重定

紅外線接收模組

將紅外線接收模組的輸出腳 Vo 連接至 Arduino 控制板的數位腳 2，再由 Arduino 控制板上的+5V 電源供電給紅外線接收模組。

Arduino 控制板

Arduino 控制板為控制中心，讀取紅外線接收模組所接收到的按鍵代碼，並顯示於序列埠監控視窗中。

▢ 功能說明：

使用 Arduino 控制板配合低成本的紅外線接收模組，讀取紅外線遙控器的**解碼型式**及**按鍵代碼**，並顯示於序列埠監控視窗中，同時指示燈 L（數位腳 13）會閃爍一下。如圖 5-15 所示為所讀取的紅外線遙控器按鍵代碼，依序為按鍵 2（**前進**）、按鍵 8（**後退**）、按鍵 6（**右轉**）、按鍵 4（**左轉**）及按鍵 5（**停止**）等 5 個按鍵的按鍵代碼。

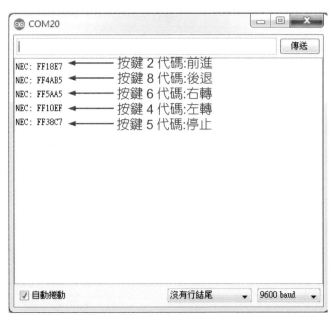

圖 5-15　紅外線遙控器按鍵代碼

💿 程式：ch5-1.ino

```
#include <IRremote.h>                //使用 IRremote.h 函式庫。
const int RECV_PIN = 2;              //使用數位腳 2 讀取 IR 接收模組資料。
```

```
IRrecv irrecv(RECV_PIN);                    //設定數位腳2讀取IR接收器資料。
decode_results results;                     //設定results物件儲存IR接收模組資料。
//初值設定
void setup()
{
    Serial.begin(9600);                     //設定序列埠鮑率為9600bps。
    irrecv.enableIRIn();                    //致能紅外線接收。
    irrecv.blink13(true);                   //致能指示燈L(數位腳13)動作。
}
//主迴圈
void loop()
{
    if (irrecv.decode(&results))            //接紅外線資料並解碼。
    {
        if (results.decode_type == NEC)     //紅外線為NEC格式?
            Serial.print("NEC: ");          //顯示字串"NEC: "。
        else if (results.decode_type == SONY)  //紅外線為SONY格式?
            Serial.print("SONY: ");         //顯示字串"SONY: "。
        else if (results.decode_type == RC5)   //紅外線為RC5格式?
            Serial.print("RC5: ");          //顯示字串"RC5: "。
        else if (results.decode_type == RC6)   //紅外線為RC6格式?
            Serial.print("RC6: ");          //顯示字串"RC6: "。
        else if (results.decode_type == UNKNOWN)    //未知的格式?
            Serial.print("UNKNOWN: ");      //顯示字串"UNKNOWN: "。
        Serial.println(results.value, HEX);  //顯示按鍵代碼。
        irrecv.resume();                    //接收下一筆紅外線資料。
    }
}
```

🌱 練習

1. 設計 Arduino 程式，讀取紅外線遙控器的解碼型式、按鍵代碼及代碼位元數，並顯示於序列埠視窗中。

2. 設計 Arduino 程式，使用紅外線發射器的按鍵 1 來控制一個 LED 的亮/暗，每按一下按鍵 1，LED 的亮、暗狀態會改變。

5-5　自造紅外線遙控自走車

如圖 5-16 所示紅外線遙控自走車電路接線圖，包含**紅外線遙控器**、**紅外線接收模組**、**Arduino 控制板**、**馬達驅動模組**、**馬達組件**及**電源電路**等六個部份。

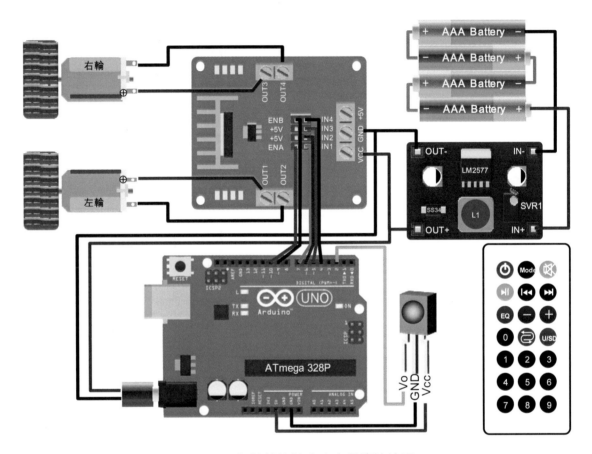

圖 5-16　紅外線遙控自走車電路接線圖

紅外線遙控器

使用 40mm×85mm 紅外線遙控器，其中按鍵 2 為**前進鍵**、按鍵 8 為**後退鍵**、按鍵 6 為**右轉鍵**、按鍵 4 為**左轉鍵**、按鍵 5 為**停止鍵**。當然也可以使用其它紅外線遙控器，但必須利用圖 5-14 所示紅外線接收電路圖先讀取紅外線遙控器的按鍵代碼。

紅外線接收模組

將紅外線接收模組的輸出腳 Vo 連接至 Arduino 控制板的數位腳 2，再由 Arduino 控制板的+5V 電源供電給紅外線接收模組。

Arduino 控制板

Arduino 控制板為控制中心，檢測紅外線接收模組所接收到的按鍵代碼，並依表 5-1 所示紅外線遙控自走車運行方向的控制策略，來驅動左、右兩組減速直流馬達，使自走車能夠正確運行。

馬達驅動模組

馬達驅動模組使用 L298 驅動 IC 來控制兩組減速直流馬達，其中 IN1、IN2 輸入訊號控制左輪轉向，而 IN3、IN4 輸入訊號控制右輪轉向。另外，Arduino 控制板輸出兩組 PWM 訊號連接至 ENA 及 ENB，分別控制左輪及右輪的轉速。因為馬達有最小的啟動轉矩電壓，所輸出的 PWM 訊號平均值不可太小，以免無法驅動馬達轉動。PWM 訊號只能小幅調整馬達轉速，如需要較低的轉速，可改用較大減速比直流馬達。

馬達組件

馬達組件包含兩組 300rpm/min（測試條件：6V）的金屬減速直流馬達、兩個固定座、兩個 D 型接頭 43mm 橡皮車輪及一個萬向輪，橡皮材質車輪比塑膠材質磨擦力大而且控制容易。

電源電路

電源模組包含四個 1.5V 一次電池或四個 1.2V 充電電池及 DC-DC 升壓模組。調整 DC-DC 升壓模組中的 SVR1 可變電阻，使其輸出升壓至 9V，再將其連接供電給 Arduino 控制板及馬達驅動模組。如果是使用兩個 3.7V 的 18650 鋰電池，可以不用再使用 DC-DC 升壓模組。每個容量 2000mAh 的 1.2V 鎳氫電池約 90 元，每個容量 3000mAH 的 18650 鋰電池約 250 元。

☐ **功能說明：**

使用 40mm×85mm 紅外線遙控器控制自走車的運行動作。當按下按鍵 2 時，車子**前進**當按下按鍵 8 時，車子**後退**；當按下按鍵 6 時，車子**右轉**；當按下按鍵 4 時，車子**左轉**；當按下按鍵 5 時，車子**停止**。

💿 程式：ch5-2.ino

`#include <IRremote.h>`	//使用 IRremote.h 函式庫。
`const int Rspeed=200;`	//右轉轉速控制。
`const int Lspeed=200;`	//左轉轉速控制。
`const int negR=4;`	//右輪馬達負腳。
`const int posR=5;`	//右輪馬達正腳。
`const int negL=6;`	//左輪馬達負腳。
`const int posL=7;`	//左輪馬達正腳。
`const int pwmR=9;`	//右輪馬達轉速控制腳。
`const int pwmL=10;`	//左輪馬達轉速控制腳。
`const int Rspeed=200;`	//右輪馬達轉速控制參數。
`const int Lspeed=200;`	//左輪馬達轉速控制參數。
`long FOR=0xFF18E7;`	//前進代碼。
`long BACK=0xFF4AB5;`	//後退代碼。
`long RIGHT=0xFF5AA5;`	//右轉代碼。
`long LEFT=0xFF10EF;`	//左轉代碼。
`long PAUSE=0xFF38C7;`	//停止代碼。
`const int RECV_PIN = 2;`	//使用數位腳 2 讀取 IR 接收模組資料。
`IRrecv irrecv(RECV_PIN);`	//設定數位腳 2 讀取 IR 接收器資料。
`decode_results results;`	//results 物件儲存 IR 接收模組資料。
`//初值設定`	
`void setup()`	
`{`	
`    pinMode(negR,OUTPUT);`	//設定數位腳 4 控制右輪負極。
`    pinMode(posR,OUTPUT);`	//設定數位腳 5 控制右輪正極。
`    pinMode(negL,OUTPUT);`	//設定數位腳 6 控制左輪負極。
`    pinMode(posL,OUTPUT);`	//設定數位腳 7 控制左輪正極。
`    irrecv.enableIRIn();`	//致能紅外線接收。
`    irrecv.blink13(true);`	//致能指示燈 L(數位腳 13) 動作。
`}`	
`//主迴圈`	
`void loop()`	
`{`	
`    if (irrecv.decode(&results))`	//接收紅外線訊號並解碼。
`    {`	
`        irrecv.resume();`	//準備接收下一個訊號。
`        if(results.value==FOR)`	//按下「前進」鍵?

```
        forward(Rspeed,Lspeed);          //自走車前進。
    else if(results.value==BACK)          //按下「後退」鍵?
        back(Rspeed,Lspeed);              //自走車後退。
    else if(results.value==RIGHT)         //按下「右轉」鍵?
        right(Rspeed,Lspeed);             //自走車右轉。
    else if(results.value==LEFT)          //按下「左轉」鍵?
        left(Rspeed,Lspeed);              //自走車左轉。
    else if(results.value==PAUSE)         //按下「停止」鍵?
        pause(0,0);                       //自走車停止。
    }
}
//前進函式
void forward(byte RmotorSpeed, byte LmotorSpeed)
{
    analogWrite(pwmR,RmotorSpeed);        //設定右輪轉速。
    analogWrite(pwmL,LmotorSpeed);        //設定左輪轉速。
    digitalWrite(posR,HIGH);              //右輪正轉。
    digitalWrite(negR,LOW);
    digitalWrite(posL,LOW);               //左輪反轉。
    digitalWrite(negL,HIGH);
}
//後退函式
void back(byte RmotorSpeed, byte LmotorSpeed)
{
    analogWrite(pwmR,RmotorSpeed);        //設定右輪轉速。
    analogWrite(pwmL,LmotorSpeed);        //設定左輪轉速。
    digitalWrite(posR,LOW);               //右輪反轉。
    digitalWrite(negR,HIGH);
    digitalWrite(posL,HIGH);              //左輪正轉。
    digitalWrite(negL,LOW);
}
//停止函式
void pause(byte RmotorSpeed, byte LmotorSpeed)
{
    analogWrite(pwmR,RmotorSpeed);        //設定右輪轉速。
    analogWrite(pwmL,LmotorSpeed);        //設定左輪轉速。
    digitalWrite(posR,LOW);               //右輪停止轉動。
```

```
        digitalWrite(negR,LOW);
        digitalWrite(posL,LOW);                //左輪停止轉動。
        digitalWrite(negL,LOW);
}
//右轉函式
void right(byte RmotorSpeed, byte LmotorSpeed)
{
        analogWrite(pwmR,RmotorSpeed);         /設定右輪轉速。
        analogWrite(pwmL,LmotorSpeed);         //設定左輪轉速。
        digitalWrite(posR,LOW);                //右輪停止。
        digitalWrite(negR,LOW);
        digitalWrite(posL,LOW);                //左輪反轉。
        digitalWrite(negL,HIGH);
}
//左轉函式
void left(byte RmotorSpeed, byte LmotorSpeed)
{
        analogWrite(pwmR,RmotorSpeed);         //設定右輪轉速。
        analogWrite(pwmL,LmotorSpeed);         //設定左輪轉速。
        digitalWrite(posR,HIGH);               //右輪正轉。
        digitalWrite(negR,LOW);
        digitalWrite(posL,LOW);                //左輪停止。
        digitalWrite(negL,LOW);
}
```

練習

1. 設計 Arduino 程式，使用紅外線遙控器控制自走車運行，增加車燈 Rled 及 Lled 連接於 Arduino 板數位腳 11 及 12。按鍵 9 控制 Rled 燈亮/暗；按鍵 7 控制 Lled 燈亮/暗。

2. 設計 Arduino 程式，使用紅外線遙控器遙控制自走車運行，增加兩個車燈 Rled 及 Lled 分別連接於 Arduino 板數位腳 11 及 12。當自走車右轉時，Rled 閃爍；當自走車左轉時，Lled 閃爍；當自走車停止時，所有燈均不亮。

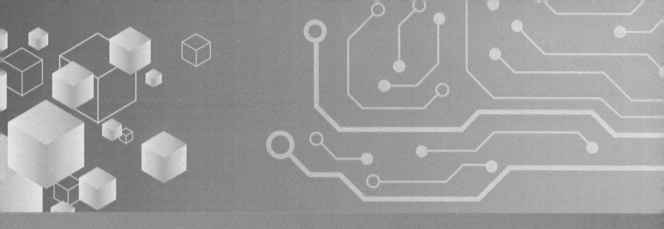

CHAPTER

手機藍牙遙控
自走車實習

6

6-1　認識藍牙

　　藍牙（Bluetooth）技術是由 Ericsson、IBM、Intel、NOKIA、Toshiba 等五家公司協議，標準版本 802.15.1 為一**低成本**、**低功率**、**涵蓋範圍小**的 RF 系統。因為藍牙所使用的載波頻帶不需要申請使用執照，大家都可以任意使用，所以有可能造成通訊設備之間干擾的問題。藍牙使用**跳頻展頻**（Frequency Hopping Spread Spectrum，簡記 FHSS）技術，以減少互相干擾的機會。所謂 FHSS 技術是指載波在極短的時間內快速不停地切換頻率，每秒跳頻 1600 次，較不易受到電磁波的干擾，也可以使用加密保護來提高資料的保密性。

　　藍牙適用於連結電腦與電腦、電腦與周邊以及電腦與其他行動數據裝置如手機、遊戲機、平板電腦、藍牙耳機、藍牙喇叭等。在第 5 章所述的**紅外線是一種視距的傳輸**，兩個通訊設備間必須對準，而且中間不能被其它物體阻隔，而藍牙使用 2.4GHz 載波傳輸，傳輸不會受到物體阻隔的限制。每個藍牙連接裝置都是依 IEEE 802 標準所制定的 **48 位元位址**，可以一對一或一對多連接。藍牙 V2.0 傳輸率 1Mbps，藍牙 V2.0+EDR（Enhanced Data Rate）傳輸率 3Mbps，藍牙 V3.0+HS（High Speed）傳輸率 24Mbps。一般藍牙傳輸距離約 10 公尺，藍牙 4.0 最大可達 100 公尺。

6-2　認識藍牙模組

　　如圖 6-1 所示 HC 系列藍牙模組，相容於藍牙 V2.0+EDR 規格，在其周邊如郵票的齒孔為其接腳，需自行焊接於萬孔板或專用底板上。使用者可以買到的藍牙模組為 HC-05 及 HC-06 兩種編號，如圖 6-1(b)所示為 HC-05 模組主要接腳，如圖 6-1(c)所示為 HC-06 模組主要接腳。

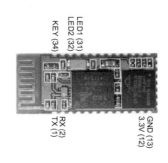

(a) 模組外觀　　　　(b) HC-05 模組接腳　　　　(c) HC-06 模組接腳

圖 6-1　HC 系列藍牙模組

HC-05 同時具有**主控端及從端**（master/slave）兩種工作模式，出廠前已預設為從端模式，但是可以使用 AT 命令更改。HC-06 只具有**主控端或從端**其中一種工作模式，而且出廠前就已經設定好，不能再使用 AT 命令更改，市售 HC-06 模組多數是設定為**從端模式**。在使用藍牙模組時，必須特別注意**電源**及**串列口** RX、TX 的接腳，才能正確配對連線。藍牙模組是一種能將原有的全雙工串列埠 UART TTL 介面轉換成無線藍牙傳輸的裝置。HC 系列藍牙模組不限作業系統、不需安裝驅動程式，就可以直接與各種單晶片連接，使用起來相當容易。HC-06 是較早期的版本，不能更改工作模式，可以使用的 AT 命令也相對較少，建議購買 HC-05 藍牙模組。如表 6-1 所示為 HC-05 藍牙模組的主要接腳功能說明。

表 6-1 HC-05 藍牙模組的主要接腳功能說明

模組接腳	功能說明
1	TXD：藍牙串列埠傳送腳，連接至單晶片的 RXD 腳。
2	RXD：藍牙串列埠接收腳，連接至單晶片的 TXD 腳。
11	RESET：模組重置腳，低電位動作，不用時可以空接。
12	3.3V：電源接腳，電壓範圍 3.0V~4.2V，典型值為 3.3V。
13	GND：模組接地腳。
31	LED1：工作狀態指示燈，有三種狀態說明如下： (1) 模組通電同時令 KEY 腳為高電位，此腳輸出 1Hz 方波（慢閃），表示進入 AT 命令回應模式，使用 38400 bps 的鮑率。 (2) 模組通電同時令 KEY 腳為低電位，此腳輸出 2Hz 方波（快閃），表示進入自動連接模式。如果再令 KEY 腳為高電位，可進入 AT 命令回應模式，但此腳仍輸出 2Hz 方波（快閃）。 (3) 配對完成時，此腳每秒閃爍二下，也是 2Hz 頻率。
32	LED2：配對指示燈，未配對時輸出低電位；配對完成時輸出高電位。
34	KEY：模式選擇腳，有兩種模式。 (1) 當 KEY 為低電位或空接時，模組工作在自動連線模式。 (2) 當 KEY 為高電位時，模組工作在 AT 命令回應模式。

含底板 HC-05 藍牙模組

為了減少使用者在焊接上的麻煩，有些元件製造商會將藍牙模組的 RXD、TXD、3.3V、GND、KEY、LED1、LED2 等主要接腳，焊接組裝成如圖 6-2(a)所示含底板

HC-05 藍牙模組。如圖 6-2(b)所示為含底板 HC-05 藍板模組所引出 KEY、RXD、TXD、VCC50、VCC33 及 GND 等接腳的名稱。HC-05 藍牙模組的工作電壓為 3.3V，而多數的單晶片工作電壓為 5V，所以底板含一個 3.3V 的直流電壓調整 IC（LD33V）將 5V 輸入電壓穩壓為 3.3V 供電給模組使用，並且引出 VCC33 接腳。

(a) 模組外觀　　　　　　　　　　　　　　(b) 接腳圖

圖 6-2　含底板 HC-05 藍牙模組

6-2-1 藍牙工作模式

藍牙模組有兩種工作模式：自動連線（automatic connection）模式及命令回應（order response）模式，分述如下：

自動連線模式

當藍牙模組的 KEY 接腳為**低電位或空接**時，藍牙模組工作在**自動連線模式**，在自動連線模式下又可分為主（Master）、從（Slave）及回應測試（Slave-Loop）等三種工作模式。因為藍牙模組只能點對點連線通訊，所以必須先進行主、從配對連線，當配對連線成功後，才能開始進行資料傳輸。藍牙在還未完成配對的電流約為 30mA，配對後不論通訊與否的電流約為 8mA，沒有休眠模式。

命令回應模式

當藍牙模組的 KEY 接腳為**高電位**時，藍牙模組工作在**命令回應模式**。模組處於命令回應模式時，能執行所有 AT 命令（AT-command），使用者可以利用 AT 命令來設定藍牙模組的所有參數。一般**出廠時的參數預設為自動連線 Slave 工作模式**，鮑率為 9600 bps 或 38400 bps、8 個資料位元、無同位元及 1 個停止位元的 **8N1 格式**。

6-2-2 藍牙參數設定

多數的藍牙模組都能讓使用者自行調整參數，在出廠時預設為自動連線模式，使用預先設定好的參數傳送或接收資料，**模組本身並不會解讀資料內容**。如果要調整藍牙模組的參數，必須進入命令回應模式來執行 AT 命令，**AT 命令不是透過藍牙無線傳輸來設定**，必須使用如圖 6-3 USB **對 TTL 連接線**，將藍牙模組連接至電腦，再以序列埠監控軟體（如 AccessPort 通訊軟體），輸出 AT 命令來設定藍牙參數。

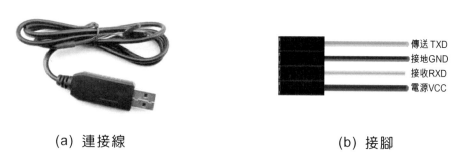

(a) 連接線   (b) 接腳

圖 6-3 USB 對 TTL 連接線

連接方式

如圖 6-4 所示為 USB 對 TTL 連接線與藍牙模組的連接方式，先將 USB **對 TTL 連接線**的紅線（VCC）、黑線（GND）、綠線（TXD）、白線（RXD）正確連接至藍牙模組，再將 KEY 腳連接至 VCC33 腳，使藍牙模組進入 **AT 命令回應模式**。

圖 6-4 USB 對 TTL 連接線與藍牙模組的連接方式

常用 AT 命令

藍牙設定參數所使用的 **AT 命令沒有區分大、小寫，而且都是以 "\r\n" 結束字符作結尾**，只要輸入 AT 命令後再按 Enter ↵ 鍵即可產生結束字符。必須注意不同廠商的 AT 命令可能會有些不同，購買藍牙模組，最好跟廠商索取 AT 命令規格書。因為藍牙模組出廠時，所使用的模組名稱相同，容易造成干擾，在使用藍牙模組前必須先更改藍牙名稱。如表 6-2 所示為本書所使用 HC-05 藍牙模組的常用 AT 命令說明。

表 6-2 HC-05 藍牙模組的常用 AT 命令說明

AT 命令	回應	參數	功能說明
AT	OK	無	模組測試
AT+RESET	OK	無	模組重置
AT+ORGL	OK	無	恢復出廠設定狀態
AT+NAME	+NAME:參數 OK	模組名稱，預設 HC-05	查詢模組名稱
AT+NAME=參數	OK	設備名稱	設定設備名稱
AT+VERSION	+VERSION:參數 OK	軟體版本	讀取軟體版本
AT+ROLE	+ROLE:參數 OK	0:從（Slave） 1:主（Master） 2:回應（Slave-Loop）	讀取模組工作模式
AT+ROLE=參數	OK	0:從（Slave） 1:主（Master） 2:回應（Slave-Loop）	設定模組工作模式
AT+PSWD	+PSWD:參數 OK	配對碼，預設 1234	查詢模組配對碼
AT+PSWD=參數	OK	配對碼	設定模組配對碼
AT+UART	+UART= 參數 1,參數 2,參數 3 OK	參數 1:鮑率，預設 9600 參數 2:停止位元，預設 0 參數 3:同位位元，預設 0	查詢模組串列埠參數
AT+UART= 參數 1,參數 2,參數 3	OK	參數 1:鮑率 參數 2:停止位元 參數 3:同位位元	設定模組串列埠 參數 1:鮑率 4800,9600,19200 38400,57600,115200, 230400,460800, 921600,1382400 參數 2:停止位元 0:1 位,1:2 位 參數 3:同位位元 0:None,1:Odd,2:Even

測試藍牙模組

STEP 1

A· 如圖 6-4 所示，利用【USB 對
TTL 連接線】將藍牙模組與 PC
電腦連接。

B· 點選【控制台】【系統】【硬體】
【裝置管理員】【連接埠（COM
和 LPT），檢視連接埠名稱，本
例為 COM8。

STEP 2

A· 開啟 AccessPort 通訊軟體的
設定畫面，設定連接埠及通訊
協定。

B· 更改串列埠設定，使用與藍牙
模組相同的串列埠 COM8 及鮑
率 9600bps。

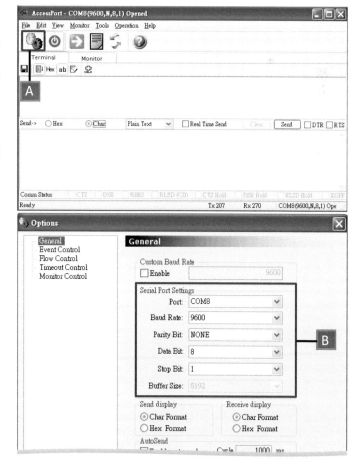

STEP ❸

A. 在傳送視窗中輸入【AT】後，
按電腦鍵盤的 Enter ↵ 鍵，
產生 "\r\n" 的結束字符。

B. 按下 Send 鈕，將 AT 命令傳
送至藍牙模組。

C. 如果藍牙模組已經連線，會回
應【OK】，並顯示於接收視窗
中。

STEP ❹

A. 在接收視窗按下清除鈕，清除
視窗內容。

B. 在傳送視窗中，按下 Clear
清除鈕，清除視窗內容。

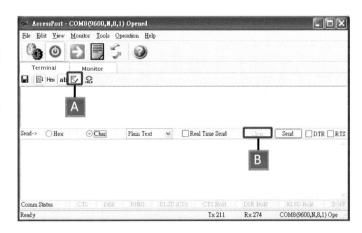

查詢藍牙模組名稱

STEP ❶

A. 在 傳 送 視 窗 中 輸 入
【AT+NAME】，再按下電腦鍵
盤的 Enter ↵ 鍵。

B. 按下 Send 鈕，將 AT 命令傳
送至藍牙模組。

C. 藍牙模組回應並顯示模組名稱
【+NAME:HC-05】【OK】於接
收視窗中。

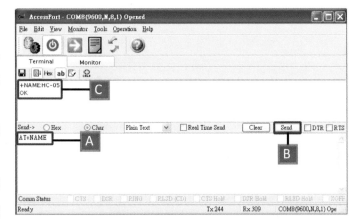

設定藍牙模組名稱

STEP 1

A. 在傳送視窗中輸入【AT+NAME=BTcar】，再按下電腦鍵盤的 Enter⏎ 鍵。

B. 按下 Send 鈕，將 AT 命令傳送至藍牙模組。

C. 藍牙模組回應【OK】，並顯示於接收視窗中。

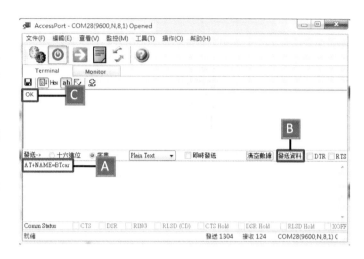

STEP 2

A. 清除接收視窗的內容。

B. 清除傳送視窗的內容。

C. 在傳送視窗中輸入【AT+NAME】，再按下電腦鍵盤的 Enter⏎ 鍵。

D. 按下 Send 鈕，將 AT 命令傳送至藍牙模組。

E. 藍牙模組回應並顯示新設定的模組名稱 BTcar。

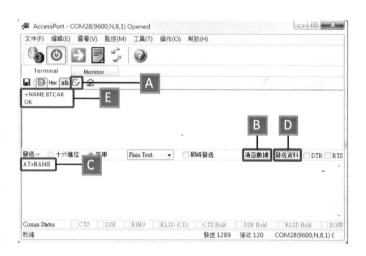

6-2-3 SoftwareSerial.h 函式庫

在 Arduino 硬體中已內建支援串列通訊 UART 的功能，使用數位接腳 0 當做接收端（receiver，簡記 RX），數位接腳 1 當做傳送端（transmitter，簡記 TX）。有時我們可能需要使用多個串列埠，例如本章藍牙模組必須使用串列通訊，可能互相干擾而造成系統當機。Arduino 編譯器內建 SoftwareSerial.h 函式庫，使用軟體來複製多個軟體串列埠。SoftwareSerial.h 函式庫允許使用其它的數位接腳來進行串列通訊，最大速度可達 115200 bps。

SoftwareSerial.h 函式庫是使用軟體複製串列埠，**如果同時使用多個軟體串列埠時，一次只能有一個串列埠可以傳輸資料**。在 SoftwareSerial( )函式中有 RX 及 TX 兩個參數必須設定，第一個參數 RX 是設定接收端所使用的數位接腳，第二個參數 TX 是設定傳送端所使用的數位接腳。在本章中的藍牙模組使用 Arduino 控制板的數位腳 3 當做接收端 RX，數位腳 4 當做傳送端 TX。

格式：SoftwareSerial(RX,TX)

範例：#include <SoftwareSerial.h>　　　　　　//使用 SoftwareSerial.h 函式庫。
　　　SoftwareSerial mySerial(3,4);　　　　　　//設定數位腳 3 為 RX，數位腳 4 為 TX。

6-2-4 使用 Arduino IDE 設定藍牙參數

在 Arduino 硬體中已經**內建 USB 介面晶片**，可以取代圖 6-3 所示的 **USB 對 TTL 連接線**，將 USB 訊號轉換成 TTL 訊號。另外，Arduino IDE 的序列埠監控視窗也可以取代 AccessPort **通訊軟體**的使用。

硬體接線

如圖 6-5 所示為使用 Arduino IDE 設定藍牙參數的電路接線圖，將 Arduino UNO 板與 PC 電腦 USB 埠連接，由 Arduino 板的+5V、GND 電源供電給藍牙模組。Arduino 板的數位腳 3（設定為 RXD）與藍牙模組的 TXD 連接，Arduino 板的數位腳 4（設定為 TXD)與藍牙模組的 RXD 連接。另外，必須將藍牙模組的 KEY 腳連接至 Arduino 板的+3.3V 電源腳，使藍牙模組進入 AT **命令回應模式**。

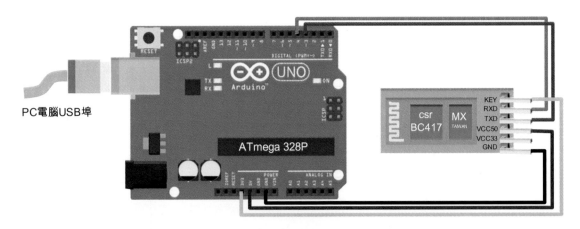

圖 6-5　使用 Arduino IDE 設定藍牙參數的電路接線圖

軟體程式

程式：ch6-1.ino

```
範例：#include <SoftwareSerial.h>              //使用 SoftwareSerial.h 函式庫。
      SoftwareSerial BluetoothSerial(3,4);     //設定 RX(數位腳 3)、TX(數位腳 4)。
      void setup()                              //設定初值、參數。
      {
        Serial.begin(9600);                     //設序列埠速率為 9600bps。
        BluetoothSerial.begin(38400);           //設定藍牙模組速率為 38400bps。
      }
      void loop()                               //主迴圈。
      {
        if(BluetoothSerial.available())          //藍牙模組接收到資料?
            Serial.write(BluetoothSerial.read()); //讀取並顯示於 Arduino 序列埠中。
        else if(Serial.available())              //Arduino 接收到資料?
            BluetoothSerial.write(Serial.read()); //將資料寫入藍牙模組中。
      }
```

測試藍牙模組

STEP **1**

A. 開啟 CH6-1.ino 並上傳至 Arduino UNO 板中。

B. 開啟序列埠監控視窗

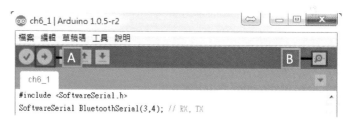

STEP **2**

A. 藍牙模組的通訊速率出廠預設為 9600bps。因此，必須設定 Arduino 板的通訊速率為 9600bps。

B. 將【沒有行結尾】改為換行、歸位的【NL 與 CR】，才能執行 AT 命令。

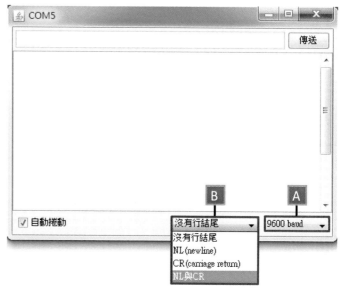

STEP ③

A. 在『傳送視窗』中輸入【AT】命令。

B. 按下 傳送 或是電腦鍵盤上的 Enter ↵ 鍵,將命令傳送至藍牙模組。

C. 如果藍牙有正確連線,在『接收視窗』中會回傳【OK】訊息。

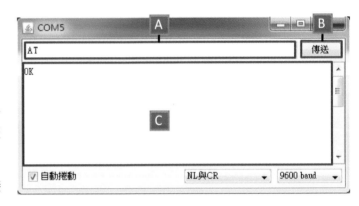

設定藍牙模組名稱

STEP ①

A. 在『傳送視窗』中輸入【AT+NAME=BTcar】命令,將藍牙名稱改為『BTcar』。

B. 按下 傳送 鈕或是電腦鍵盤上的 Enter ↵ 鍵,將命令傳送至藍牙模組。

C. 如果設定成功,在『接收視窗』中會回傳【OK】訊息。

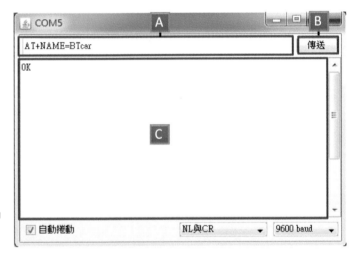

查詢藍牙模組名稱

STEP ①

A. 在『傳送視窗』中輸入【AT+NAME】命令。

B. 按下 傳送 鈕或是電腦鍵盤上的 Enter ↵ 鍵,將命令傳送至藍牙模組。

C. 若藍牙接收到命令,會回傳【+NAME:BTcar】及【OK】等訊息至『接收視窗』中。

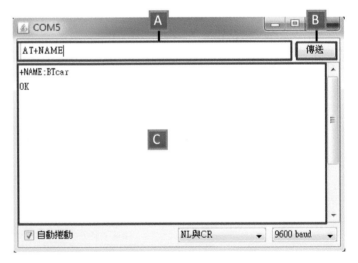

查詢藍牙串列埠參數

STEP **1**

A. 在『傳送視窗』中輸入【AT+UART】命令。

B. 按下 傳送 鈕或是電腦鍵盤上的 Enter ↵ 鍵，將命令傳送至藍牙模組。

C. 如果藍牙接收到命令，則回傳【 +UART:9600,0,0 】及【OK】訊息至『接收視窗』中。

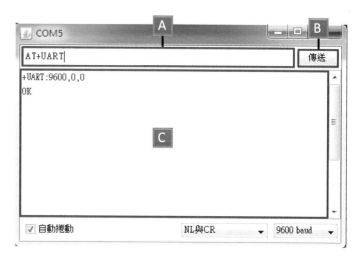

6-3 認識手機藍牙模組

　　藍牙模組已經是智慧型行動裝置的基本配備，它可以讓您與他人分享檔案，也可以與其它藍牙裝置如耳機、喇叭等進行無線通訊。無論您想利用藍牙來做什麼工作，**第一個步驟都是先將您的手機與其它藍牙裝置進行配對**。所謂配對是指設定藍牙裝置而使其可以連線到手機的程序。以 Android 手機來說明配對程序。

STEP **1**

A. 開啟 Android 手機的【設定】視窗，並開啟(ON)藍牙裝置。

B. 按下藍牙裝置開始進行配對程序。

STEP ❷

A. 左【配對裝置】中會出現
　　BTCAR 藍牙裝置，之後就可以
　　使用手機藍牙遙控 App 程式
　　進行連線。

B. 如果要改用其它藍牙裝置，可
　　以按下【搜尋】鈕，開始搜尋
　　未配對的藍牙裝置。

STEP ❸

A. 手機會在【可用裝置】欄位中
　　列出搜尋到的可用藍牙裝置。

B. 以 HC-07 為例，點選 HC-07
　　進行配對。

STEP 4

A· 利用下列鍵盤輸入該裝置的 PIN 碼，出廠預設值通常是 1234 或 0000。

B· 輸入該裝置的 PIN 碼後，再按下【確定】鍵。

STEP 5

A. 配對完成後，在【配對裝置】中會出現 HC-07 藍牙裝置。之後就可以使用手機藍牙遙控 App 程式，開始進行連線動作。

6-4 認識手機藍牙遙控自走車

所謂手機藍牙遙控自走車是指利用手機應用（application，簡記 App）程式，透過手機藍牙裝置傳送訊號來遙控自走車**前進**、**後退**、**右轉**、**左轉**及**停止**等動作。

本章使用 App Inventor 2 撰寫手機藍牙遙控程式，並且儲存在 ini/BTcar.aia 資料夾中，在正確下載及安裝手機藍牙遙控 App 程式後，必須與接收電路進行藍牙配對連線，連線成功後即可遙控自走車**前進**、**後退**、**右轉**、**左轉**及**停止**等運行動作。

表 6-3 所示為手機藍牙遙控自走車運行方向的控制策略，利用手機 App 觸控鍵來控制手機藍牙遙控自走車**前進**、**後退**、**右轉**、**左轉**及**停止**等運行動作。

表 6-3　手機藍牙遙控自走車運行方向的控制策略

App 觸控按鍵	按鍵代碼	控制策略	左輪	右輪
前進	1	前進	反轉	正轉
後退	2	後退	正轉	反轉
右轉	3	右轉	反轉	停止
左轉	4	左轉	停止	正轉
停止	0	停止	停止	停止

6-4-1 認識 App Inventor

Android 中文名稱『**安卓**』，是由 Google 特別為行動裝置所設計，以 Linux 語言為基礎的開放原始碼作業系統，主要應用在**智慧型手機**和**平板電腦**等行動裝置上。Android 一字的原意為『**機器人**』，使用如圖 6-6 所示 Android 綠色機器人符號來代表一個輕薄短小、功能強大的作業系統。Android 作業系統完全免費，任何廠商都可以不用經過 Google 的授權，即可任意使用，但必須尊重其智慧財產權。

圖 6-6　Android 綠色機器人符號

　　Android 作業系統支援鍵盤、滑鼠、相機、觸控螢幕、多媒體、繪圖、動畫、無線裝置、藍牙裝置、GPS 及加速度計、陀螺儀、氣壓計、溫度計等感測器。雖然使用 Android 原生程式碼來開發手機應用程式，是最能直接控制到這些裝置，但是繁雜的程式碼對於一個初學者來說往往是最困難的。所幸 Google 實驗室發展出 Android 手機應用程式的開發平台 App Inventor，捨棄複雜的程式碼，改用**視覺導向程式拼塊堆疊**來完成 Android 應用程式。Google 已於 2012 年 1 月 1 日將 App Inventor 開發平台移交給麻省理工學院（Massachusetts Institute of Technology，簡記 MIT）行動學習中心繼續維護開發，並於同年 3 月 4 日以 MIT App Inventor 名稱公佈使用。目前 MIT 行動學習中心已發表最新版本 App Inventor 2。本章所使用的手機端藍牙遙控程式即以 App Inventor 2 完成。

安裝 App Inventor 2 開發工具

　　App Inventor 2 為**全雲端的開發環境**，所有動作都必須在瀏覽器上完成（建議使用 Google Chrome），在設計 Android App 應用程式之前，必須先註冊一個 Gmail 帳號，並且安裝完成 App Inventor 2 開發工具，安裝方法請參考下面說明。

STEP 1

A. 開啟下列網址

　　`appinventor.mit.edu`
　　`/explore/ai2`
　　`/setup-emulator`

B. 點選【`Instructions for Windows`】。

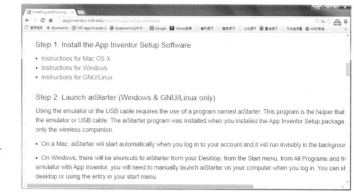

STEP 2

A. 在新視窗中點選 Download the installer，開始下載檔案。

STEP 3

A. 下載完成後，執行 MIT_App_Inventor_Tools_2.3.0_win_setup.exe

B. 依對話方塊指示，按下【Next>】鈕進行安裝，完成後就可以開始使用 App Inventor 2，來設計 App 應用程式。

建立第一個 App Inventor 2 專題

　　本文主旨在討論如何使用 App Inventor 2 完成手機藍牙 App 程式，如果想要更詳細了解 App Inventor 2 的使用方法，請參考相關 App Inventor 2 的書籍說明。以下我們使用一個簡單的範例，讓您可以快速熟悉 App Inventor 2 的開發流程。

STEP 1

A. 必須使用 Google Chrome 瀏覽器，輸入下列網址【ai2.appinventor.mit.edu】，頁面會自動導向 Google 帳戶的登入畫面。

B. 輸入註冊的帳號、密碼後，按下【登入】鈕。

STEP ❷

A. 按下【 Allow 】鈕進入 App
 Inventor 2 專題管理畫面。

STEP ❸

A. 按下【 Start new project 】
 鈕,建立一個新的專題

B. 在 專 題 名 稱 中 輸 入
 firstApp。

C. 按【 OK 】鈕,完成建立專題的
 動作。

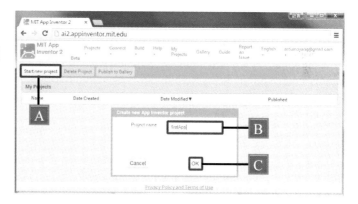

STEP ❹

A. 專題名稱:在左上角會出現專
 題名稱『 firstApp 』。

B. 調色板(Palette)區:此區中
 有常用的物件,使用方法與
 Visual Basic 相似。

C. 介面設計區:手機 App 程式顯
 示頁面,以【 所見即所得 】方
 式來設計手機介面。

D. 組 成 元 件 (Components)
 區:介面設計區所使用的物件
 及其屬性設定。

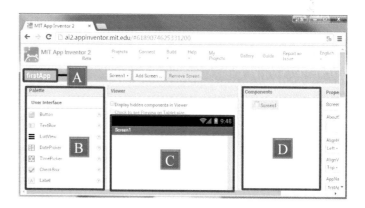

STEP 5

A. 點選【My Projects】可以
   進入專題管理頁面。

B. 點選專題名稱【firstApp】
   可以進入版面配置頁面。

STEP 6

A. 點選並拖曳【Label】物件至
   介面設計區。

B. 更改【Label】物件屬性

   (1) 粗體(FontBold):勾選

   (2) 字型(FontSize):18

   (3) 寬度(Width):Fill...

   (4) 文字(text):

       Hello,App Inventor 2

   (5) 對齊(Alignment):置中

   (6) 顏色(Color):紅色

STEP 7

A. 下拉【Build】並點選
   【App(provide QR code
   for.apk)】,建立 App 應用
   程式 firstApp 的 QR code。

STEP 8

A. 使用 QuickMark 應用程式掃描 firstApp 所產生的 QR code。

B. 手機掃描完成後，下載並安裝 firstApp 程式。即可在手機螢幕上顯示所設計的文字 "Hello,App Inventor 2"

STEP 9

A. 如果不能順利安裝 App 程式，必須勾選手機中【設定】【安全性】【未知的來源】。允許從未知的來源安裝應用程式，而不限定是 Play Store 的應用程式。

6-5 自造手機藍牙遙控自走車

手機藍牙遙控自走車包含**手機藍牙遙控 App 程式**及**藍牙遙控自走車電路**兩個部份，其中手機藍牙遙控 App 程式使用 App Inventor 2 完成，而藍牙遙控自走車電路主要使用 Arduino UNO 板及 HC-05 藍牙模組完成。

6-5-1 手機藍牙遙控 App 程式

如圖 6-7 所示手機藍牙遙控 App 程式,使用 Android 手機中的二維條碼(Quick Response Code,簡記 QRcode)掃描軟體如 QuickMark 等,下載並安裝如圖 6-7(a) 所示手機藍牙遙控 App 程式,安裝完成後可以開啟如圖 6-7(b)所示控制介面。

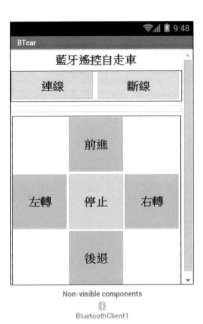

(a) QRcode 安裝檔   (b) 手機藍牙控制介面

圖 6-7　手機藍牙遙控 App 程式

☐ **功能說明:**

開啟如圖 6-7(b)所示藍牙控制介面,按下 連線 鈕顯示已配對的藍牙裝置,選擇所使用藍牙裝置的名稱(本例為 BTcar)與 Arduino 藍牙遙控自走車進行配對連線。

連線後即可以手機藍牙遙控自走車**前進**、**後退**、**右轉**、**左轉**或**停止**等運行動作。當按下 前進 鈕時,傳送**前進**代碼 1,控制自走車**前進**運行。當按下 後退 鈕時,傳送**後退**代碼 2,控制自走車**後退**運行。當按下 右轉 鈕時,傳送**右轉**代碼 3,控制自走車**右轉**運行。當按下 左轉 鈕時,傳送**左轉**代碼 4,控制自走車**左轉**運行。當按下 停止 鈕時,傳送**停止**代碼 0,控制自走車**停止**運行。

6-5-2 修改手機藍牙遙控 App 程式的介面配置

如果想修改手機藍牙遙控 App 程式的介面配置，可以利用 App Inventor 2 軟體開啟隨書所附光碟中的/ini/BTcar.aia 檔案，步驟如下：

STEP 1

A. 點選功能表的【Projects】選項。

B. 在開啟的下拉清單中點選【Import project(.aia) from my computer…】。

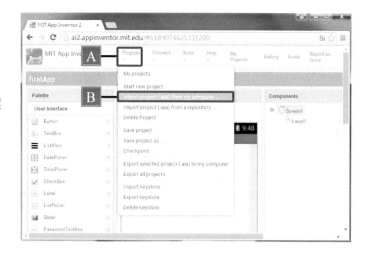

STEP 2

A. 按下【選擇檔案】鈕，選擇資料夾並開啟 ini/BTcar.aia 檔案。

B. 按下【OK】鈕確認。

STEP 3

A. 開啟 BTcar 檔案後，即可進行修改。App Inventor 2 的使用方法，請參考相關書籍說明。

手機藍牙遙控 App 程式拼塊

程式：BTcar.aia

1・開啟 App 程式初始化手機介面，**致能** 連線 按鈕，**除能**其它按鈕。

```
when Screen1 .Initialize ·················································❶
do  set BTconnect . Enabled to true ·····················❷
    set BTdisconnect . Enabled to false ·······
    set forward . Enabled to false
    set back . Enabled to false
    set right . Enabled to false              ❸
    set left . Enabled to false
    set stop . Enabled to false ······
```

❶ 開啟 App 程式時的初始化（Initialize）動作。

❷ 致能【連線】按鈕。

❸ 除能【斷線】、【前進】、【後退】、【右轉】、【左轉】及【停止】等按鈕。

2・按下 連線 鈕後，手機開始**搜尋並顯示**所有可連線的藍牙裝置位址及名稱，本例所要連線的藍牙裝置名稱為 BTcar。

```
when BTconnect .BeforePicking
do  set BTconnect . Elements to BluetoothClient1 . AddressesAndNames
```

3・與 Arduino 藍牙自走車**配對連線成功**後，致能【前進】、【後退】、【右轉】、【左轉】、【停止】等控制鈕，並且傳送**停止**控制碼 0，初始化自走車在**停止**狀態。

```
when BTconnect .AfterPicking ·········································❶
do  if  call BluetoothClient1 .Connect
              address BTconnect . Selection ········❷
    then set BTconnect . Enabled to false ···············❸
         set BTdisconnect . Enabled to true ·······
         set forward . Enabled to true
         set back . Enabled to true
         set right . Enabled to true              ❹
         set left . Enabled to true
         set stop . Enabled to true
         call BluetoothClient1 .SendText
              text "0" ································❺
```

❶ 在選取藍牙裝置後（AfterPicking）的動作。

❷ 與所選取（Selection）的藍牙裝置進行配對連線（Connect）。

❸ 除能【連線】按鈕。

❹ 致能【斷線】、【前進】、【後退】、【右轉】、【左轉】及【停止】等按鈕。

❺ 傳送【停止】控制碼【0】，初始化藍牙自走車在停止狀態。

4·藍牙離線時，致能 連線 按鈕，除能其餘按鈕。

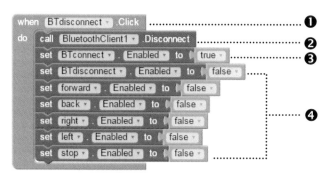

❶ 按下藍牙 斷線 鈕後的動作。

❷ 與連線中的藍牙裝置離線（Disconnect）。

❸ 致能【連線】按鈕。

❹ 除能【斷線】、【前進】、【後退】、【右轉】、【左轉】、【停止】等按鈕。

5·按下【停止】、【前進】、【後退】、【右轉】或【左轉】時，分別送出相對應
的控制碼【0】、【1】、【2】、【3】、【4】。

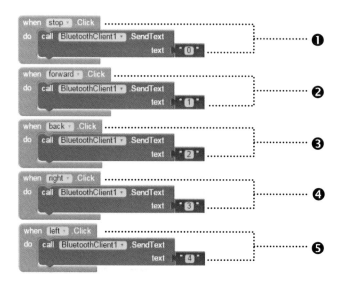

❶ 按下【停止】鈕，傳送控制碼【0】到 Arduino 藍牙自走車，使車子停止。

❷ 按下【前進】鈕，傳送控制碼【1】到 Arduino 藍牙自走車，使車子前進。

❸ 按下【後退】鈕，傳送控制碼【2】到 Arduino 藍牙自走車，使車子後退。

❹ 按下【右轉】鈕，傳送控制碼【3】到 Arduino 藍牙自走車，使車子右轉。

❺ 按下【左轉】鈕，傳送控制碼【4】到 Arduino 藍牙自走車，使車子左轉。

6-5-3 藍牙遙控自走車電路

如圖 6-8 所示藍牙遙控自走車電路接線圖，包含**藍牙模組**、**Arduino 控制板**、**馬達驅動模組**、**馬達組件**及**電源電路**等五個部份。

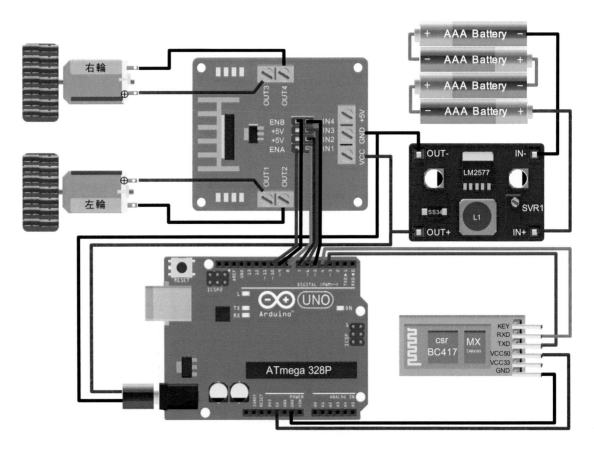

圖 6-8　藍牙遙控自走車電路接線圖

藍牙模組

　　藍牙模組由 Arduino 控制板的+5V 供電，並將藍牙模組的 RXD 腳連接至 Arduino 控制板的數位腳 4（TXD），藍牙模組的 TXD 腳連接至 Arduino 控制板的數位腳 3

（RXD），接腳不可接錯，否則藍牙無法連線。本章所使用的藍牙模組預設名稱為 HC-05，但為了避免互相干擾，已經更改藍牙模組的名稱為 **BTcar**。如果是多人同時使用藍牙模組，建議更改為 BTcar1、BTcar2、 BTcar3…等。

Arduino 控制板

Arduino 控制板為控制中心，檢測由手機藍牙遙控 App 程式，透過手機藍牙裝置所傳送的自走車運行代碼，來驅動左、右兩組減速直流馬達，使自走車能正確運行。

馬達驅動模組

馬達驅動模組使用 L298 驅動 IC 來控制兩組減速直流馬達，其中 IN1、IN2 輸入訊號控制左輪轉向，而 IN3、IN4 輸入訊號控制右輪轉向。另外，Arduino 控制板輸出兩組 PWM 訊號連接至 ENA 及 ENB，分別控制左輪及右輪的轉速。因為馬達有最小的啟動轉矩電壓，所輸出的 PWM 訊號平均值不可太小，以免無法驅動馬達轉動。PWM 訊號只能微調馬達轉速，如果需要較低的轉速，可改用較大減速比的直流馬達。

馬達組件

馬達組件包含兩組 300rpm/min（測試條件：6V）的金屬減速直流馬達、兩個固定座、兩個 D 型接頭 43mm 橡皮車輪及一個萬向輪，橡皮材質輪子比塑膠材質磨擦力大而且控制容易。

電源電路

電源模組包含四個 1.5V 一次電池或四個 1.2V 充電電池及 DC-DC 升壓模組，調整 DC-DC 升壓模組中的 SVR1 可變電阻，使輸出升壓至 9V，再將其連接供電給 Arduino 控制板及馬達驅動模組。如果是使用兩個 3.7V 的 18650 鋰電池，可以不用再使用 DC-DC 升壓模組。每個容量 2000mAh 的 1.2V 鎳氫電池約 90 元，每個容量 3000mAh 的 18650 鋰電池約 250 元。

□ **功能說明：**

藍牙遙控自走車電路接收來自手機藍牙遙控 App 程式所傳送的控制代碼。當接收到**前進**代碼 1 時，自走車**前進**運行。當接收到**後退**代碼 2，自走車**後退**運行。當接收到**右轉**代碼 3 時，自走車**右轉**運行。當接收到**左轉**代碼 4 時，自走車**左轉**運行。當接收到**停止**代碼 0 時，自走車**停止**運行。

程式：ch6-2.ino（藍牙遙控自走車程式）

`#include <SoftwareSerial.h>`	//使用 SoftwareSerial.h 函式庫。
`SoftwareSerial mySerial(3,4);`	//設定數位腳 3 為 RXD、數位腳 4 為 TXD。
`const int negR=5;`	//右輪馬達負極。
`const int posR=6;`	//右輪馬達正極。
`const int negL=7;`	//左輪馬達負極。
`const int posL=8;`	//左輪馬達正極。
`const int pwmR=9;`	//右輪馬達轉速控制。
`const int pwmL=10;`	//左輪馬達轉速控制。
`const int Rspeed=200;`	//右輪馬達轉速初值。
`const int Lspeed=200;`	//左輪馬達轉速初值。
`char val;`	//手機藍牙遙控 App 程式傳送的控制碼。
`//初值設定`	
`void setup()`	
`{`	
`    pinMode(posR,OUTPUT);`	//設定數位腳 5 為輸出埠。
`    pinMode(negR,OUTPUT);`	//設定數位腳 6 為輸出埠。
`    pinMode(posL,OUTPUT);`	//設定數位腳 7 為輸出埠。
`    pinMode(negL,OUTPUT);`	//設定數位腳 8 為輸出埠。
`    mySerial.begin(9600);`	//設定藍牙通訊埠速率為 9600bps。
`}`	
`//主迴圈`	
`void loop()`	
`{`	
`    if(mySerial.available())`	//藍牙已接收到控制碼?
`    {`	
`        val=mySerial.read();`	//讀取控制碼。
`        val=val-'0';`	//將字元資料轉成數值資料。
`        if(val==0)`	//控制碼為 0?
`            pause(0,0);`	//車子停止。
`        else if(val==1)`	//控制碼為 1?
`            forward(Rspeed,Lspeed);`	//車子前進。
`        else if(val==2)`	//控制碼為 2?
`            back(Rspeed,Lspeed);`	//車子後退。
`        else if(val==3)`	//控制碼為 3?
`            right(Rspeed,Lspeed);`	//車子右轉。
`        else if(val==4)`	//控制碼為 4?

```
        left(Rspeed,Lspeed);              //車子左轉。
    }
}
//前進函式
void forward(byte RmotorSpeed, byte LmotorSpeed)
{
    analogWrite(pwmR,RmotorSpeed);       //設定右輪轉速。
    analogWrite(pwmL,LmotorSpeed);       //設定左輪轉速。
    digitalWrite(posR,HIGH);             //右輪正轉。
    digitalWrite(negR,LOW);
    digitalWrite(posL,LOW);              //左轉反轉。
    digitalWrite(negL,HIGH);
}
//後退函式
void back(byte RmotorSpeed, byte LmotorSpeed)
{
    analogWrite(pwmR,RmotorSpeed);       //設定右輪轉速。
    analogWrite(pwmL,LmotorSpeed);       //設定左輪轉速。
    digitalWrite(posR,LOW);              //右輪反轉。
    digitalWrite(negR,HIGH);
    digitalWrite(posL,HIGH);             //左輪正轉。
    digitalWrite(negL,LOW);
}
//停止函式
void pause(byte RmotorSpeed, byte LmotorSpeed)
{
    analogWrite(pwmR,RmotorSpeed);       //設定右輪轉速。
    analogWrite(pwmL,LmotorSpeed);       //設定左輪轉速。
    digitalWrite(posR,LOW);              //右輪停止。
    digitalWrite(negR,LOW);
    digitalWrite(posL,LOW);              //左輪停止。
    digitalWrite(negL,LOW);
}
//右轉函式
void right(byte RmotorSpeed, byte LmotorSpeed)
{
    analogWrite(pwmR,RmotorSpeed);       //設定右輪轉速。
```

```
    analogWrite(pwmL,LmotorSpeed);        //設定左輪轉速。
    digitalWrite(posR,LOW);               //右輪停止。
    digitalWrite(negR,LOW);
    digitalWrite(posL,LOW);               //左輪反轉。
    digitalWrite(negL,HIGH);
}
//左轉函式
void left(byte RmotorSpeed, byte LmotorSpeed)
{
    analogWrite(pwmR,RmotorSpeed);        //設定右輪轉速。
    analogWrite(pwmL,LmotorSpeed);        //設定左輪轉速。
    digitalWrite(posR,HIGH);              //右輪正轉。
    digitalWrite(negR,LOW);
    digitalWrite(posL,LOW);               //左輪停止。
    digitalWrite(negL,LOW);
}
```

練習

1. 設計 Arduino 程式，使用手機藍牙遙控自走車前進、後退、右轉、左轉及停止等運行
   動作。增加車燈 Rled 及 Lled 連接於 Arduino 板數位腳 11 及 12，當自走車右轉時，
   右車燈 Rled 亮；當自走車左轉時，左車燈 Lled 亮。

2. 設計 Arduino 程式，使用手機藍牙遙控自走車前進、後退、右轉、左轉及停止等運行
   動作。增加車燈 Rled 及 Lled 連接於 Arduino 板數位腳 11 及 12，當自走車右轉時，
   右車燈 Rled 閃爍；當自走車左轉時，左車燈閃爍。

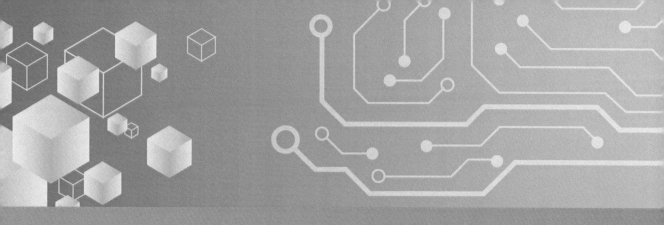

CHAPTER

RF 遙控
自走車實習

7

7-1 認識 RF

1901 年義大利科學家馬可尼（Guglielmo Marconi）成功地將電磁波訊號由英國傳送通過 2500 公里的大西洋至加拿大紐芬蘭。這種**電磁波訊號稱為射頻**（Radio Frequency，簡記 RF），頻率在 300GHz 以下，是指在空間（包括空氣和真空）中傳播的電磁波，利用空間中電離層的反射，進行遠距離的傳輸。時至今日，無線電通訊與人類生活已經密不可分。電磁波的速度與光速相同，在真空中的光速 $v=3\times10^8$ 公尺/秒，等於波長λ與頻率 f 的乘積。如表 7-1 所示國際電信聯合會（International Telecommunication Union，簡記 ITU）無線電頻率劃分表，常用的 RF 模組頻率範圍在 300~3000MHz 之間，屬於微波波段。

表 7-1　國際電信聯合會無線電頻率劃分表

波段	頻帶命名	頻率範圍	波長（公尺）	用途
超長波	特低頻（VLF）	3~30kHz	$10^4\sim10^5$	聲音
長波	低頻（LF）	30~300kHz	$10^3\sim10^4$	國際廣播
中波	中頻（MF）	300~3000kHz	$10^2\sim10^3$	AM 廣播
短波	高頻（HF）	3~30MHz	$10\sim10^2$	民間電台
超短波	特高頻（VHF）	30~300MHz	$1\sim10$	FM 廣播
微波	超高頻（UHF）	300~3000MHz	$10^{-1}\sim1$	電視廣播、無線通訊
微波	極頻（SHF）	3~30GHz	$10^{-2}\sim10^{-1}$	電視廣播、雷達
微波	至高頻（EHF）	30~300GHz	$10^{-3}\sim10^{-2}$	遙測(Remote Sensing)

7-2 認識 RF 模組

如圖 7-1 所示為益眾科技公司所生產的**遠距離、低成本** RF 無線模組 SHY-J6122TR-315，包含發射模組及接收模組。

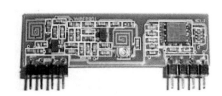

(a) 發射模組　　　　　　　　　　(b) 接收模組

圖 7-1　RF 無線模組 SHY-J6122TR-315

RF 模組包含發射模組及接收模組，使用 315MHz 射頻，最大接收靈敏度 -10^3dBm，採用振幅偏移調變（amplitude shift keying，簡記 ASK）方式。ASK 調變是最基本的數位調變技術之一，利用載波振幅的大或小來區別所傳送位元為邏輯 1 或 0，屬於 AM 調變的一種。RF 模組使用表面聲波（surface acoustic wave，簡記 SAW）濾波器，**SAW 濾波器的主要功用是將雜訊濾掉**，比傳統的 LC 濾波器安裝更簡單、體積更小。

如圖 7-2 所示為 RF 模組 SHY-J6122TR-315 接腳圖，使用的天線大約在 20cm~35cm 之間，有效傳輸距離依**供給電壓**和**天線長度**而定，最遠傳輸距離約 30 公尺，如果傳送和接收之間有障礙物，則有效距離還會減少。利用 Arduino 控制板控制 RF 發射模組發射 RF 訊號至空間中，再經由 RF 接收模組接收空間中的 RF 訊號，並經由 Arduino 控制板解調訊號內容。**因為是使用單向傳輸機制，沒有回饋，所以訊息並不保證一定會傳輸成功，而且如果有過多無線電干擾或超過傳輸距離，訊息也可能遺失。**

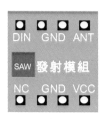

(a) 發射模組接腳圖

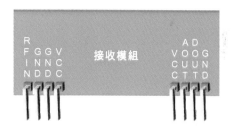

(b) 接收模組接腳圖

圖 7-2　RF 模組 SHY-J6122TR-315 接腳圖

7-2-1 VirtualWire.h 函式庫

RF 模組所使用的軟體是由 Mike McCauley 所撰寫的 VirtualWire.h 函式庫來存取 RF 訊號中的訊息資料，可至官網 https://www.pjrc.com/teensy/td_libs_VirtualWire.html 下載。下載檔案並且解壓縮後會產生一個 VirtualWire 資料夾，將其存至 Arduino\libraries 目錄下即可。VirtualWire 是一個支援 Arduino 的無線通訊函式庫，支援多數廉價的無線電發射機和接收機，以及多個 Arduino 之間的無線通訊。**使用 ASK 通訊方式，需要脈波訊號來同步發射機及接收機，因此不能使用 Arduino 控制板的 UART 串列埠。**

VirtualWire 函式庫預設使用 Arduino 控制板的數位腳 12 當做 RF 發射腳，數位腳 11 當做 RF 接收腳。VirtualWire 使用到 Arduino 的 Timer1 計時器，這表示某些需要使用到 Timer1 計時器的 PWM 腳位將會無法正常工作。

格式：VirtualWire.h

範例：#include <VirtualWire.h> 　　　　//使用 VirtualWire.h 函式庫。

vw_set_tx_pin( )函式

vw_set_tx_pin( )函式用來設定 Arduino **傳送** RF 訊號的數位接腳。有一個參數 transmit_pin 必須設定，**預設值為數位腳 12**。

格式：vw_set_tx_pin(transmit_pin)

範例：#include <VirtualWire.h> 　　　　//使用 VirtualWire.h 函式庫。
　　　vw_set_tx_pin(12); 　　　　//設定數位腳 12 為傳送接腳。

vw_set_rx_pin( )函式

vw_set_rx_pin( )函式用來設定 Arduino **接收** RF 訊號的數位腳。有一個參數 receive_pin 必須設定，**預設值為數位腳 11**。

格式：vw_set_rx_pin(transmit_pin)

範例：#include <VirtualWire.h> 　　　　//使用 VirtualWire.h 函式庫。
　　　vw_set_rx_pin(11); 　　　　//設定 Arduino 板數位腳 11 為接收接腳。

vw_set_ptt_pin( )函式

vw_set_ptt_pin( )函式用來設定**致能**（enable 或 push to talk）Arduino 傳送 RF 訊號的數位腳。有一個參數 transmit_ptt_pin 必須設定，**預設值為數位腳 10**。

格式：vw_set_ptt_pin(transmit_en_pin)

範例：#include <VirtualWire.h> 　　　　//使用 VirtualWire.h 函式庫。
　　　vw_set_ptt_pin(10); 　　　　//設定 Arduino 板數位腳 10 為傳送致能接腳。

vw_setup( )函式

vw_setup( )函式用來設定傳送或接收的**速率**。有一個參數 speed 必須設定，資料型態為 unsigned int，speed 參數設定每秒鐘傳送或接收的位元數。在使用本函式之前，必須先配置（configure）完成 RF 訊號的**傳送腳**、**傳送致能腳**及**接收腳**。

範例：#include <VirtualWire.h>　　　　　//使用 VirtualWire.h 函式庫。
　　　vw_setup(2000);　　　　　　　　　//設定傳輸速率為 2000bps。

vw_send( )函式

vw_send( )函式用來設定所要傳送的**字串資料**及**字串長度**。有 message、length 兩個參數必須設定，message 是一個 byte 資料型態的陣列，而 length 為陣列的長度。

範例：#include <VirtualWire.h>　　　　　//使用 VirtualWire.h 函式庫。
　　　vw_send(message,4);　　　　　　　//傳送長度 4 bytes 的陣列 message。

vw_wait_tx( )函式

vw_wait_tx( )函式功用是傳回傳送的狀態，當資料傳送完成，會進入閒置（idle）狀態，同時結束 vw_wait_tx( )函式執行。通常在執行 vw_send()傳送函式之後，會再執行 vw_wait_tx()函式，等待所傳送的字串資料傳送完成。

範例：#include <VirtualWire.h>　　　　　//使用 VirtualWire.h 函式庫。
　　　vw_setup(2000);　　　　　　　　　//設定傳輸速率為 2000bps。
　　　vw_send(message,4);　　　　　　　//傳送長度 4 位元組的陣列 message。
　　　vw_wait_tx();　　　　　　　　　　//等待傳送中。

vw_rx_start( )函式

vw_rx_start( )函式的功用是啟動接收程序。Arduino 使用中斷的方式來監視接收的資料。當接收速率設定完成後，即可以啟動接收程序開始接收 RF 訊號。

範例：#include <VirtualWire.h>　　　　　//使用 VirtualWire.h 函式庫。
　　　vw_setup(2000);　　　　　　　　　//設定傳輸速率為 2000bps。
　　　vw_rx_start();　　　　　　　　　　//致能接收。

vw_get_message( )函式

vw_get_message( )函式的功用是讀取所接收的資料並存入緩衝區中。有 buf、len 兩個參數必須設定。buf 參數儲存所接收資料的陣列名稱，len 參數設定 buf 陣列的

長度，巨集 VW_MAX_MESSAGE_LEN 預設長度為 80 位元組。函式有一個傳回值，若傳回值為 true，表示接收資料正確；若傳回值為 false，表示接收資料有誤。

格式：vw_get_message(buf,&len)

範例：#include <VirtualWire.h>　　　　　　　　//使用 VirtualWire.h 函式庫。
　　　byte buf[VW_MAX_MESSAGE_LEN];　　　　//宣告 80 位元組緩衝區。
　　　byte len=VW_MAX_MESSAGE_LEN;　　　　//緩衝區大小為 80 位元組。
　　　vw_setup(2000);　　　　　　　　　　　//設定傳輸速率為 2000bps。
　　　vw_rx_start();　　　　　　　　　　　　//開始接收。
　　　if(vw_get_message(buf,&len))　　　　　　//讀取所接收資料並存入 buf 陣列中。
　　　{　　　敘述式;　　　}

vw_rx_stop( )函式

　　　vw_rx_stop( )函式的功用是停止相鎖迴路（Phase Locked Loop，簡記 PLL）的接收程序，直到再次呼叫 vw_rx_start()函式時，才會重新啟動接收程序。

格式：vw_rx_stop()

範例：#include <VirtualWire.h>　　　　　　　//使用 VirtualWire.h 函式庫。
　　　vw_setup(2000);　　　　　　　　　　　//設定傳輸速率為 2000bps。
　　　vw_rx_stop();　　　　　　　　　　　　//停止接收。

7-3　認識 RF 遙控自走車

　　　所謂 RF 遙控自走車是指利用 RF 發射模組發射控制碼給 RF 接收模組，經由 VirtualWire 函式庫解碼後，Arduino 控制板再依所接收到的控制碼，控制自走車**前進、後退、右轉、左轉**及**停止**等運行動作。本例使用如圖 7-3(a)所示科易（Keyes）公司生產製造的十字搖桿模組，內部包含兩個 10kΩ電位計及一個 tack 按鍵開關。接腳如圖 7-3(b)所示，包含+5V、GND、VRx、VRy 及 SW 等接腳。

(a) 模組外觀　　　　　　　　　　　　　　(b) 接腳圖

圖 7-3　十字搖桿模組

如圖 7-4 所示十字搖桿模組內部電路圖，外加+5V 電源至十字搖桿模組的+5V 及 GND 接腳，當搖桿保持在中間位置時，VRx、VRy 輸出電壓皆為 2.5V。電位計的電阻值將會隨著搖桿方向的不同而變化，使輸出電壓 VRx、VRy 在 0~+5V 之間變化。

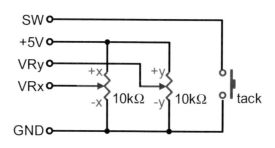

圖 7-4　十字搖桿模組內部電路圖

當搖桿向-x 方向按壓時，VRx 輸出電壓最小值為 0V；反之當搖桿向+x 方向按壓時，VRx 輸出電壓最大值為+5V。同理，當搖桿向-y 方向按壓時，VRy 輸出電壓最小值為 0V；反之當搖桿向+y 方向按壓時，VRy 輸出電壓最大值為+5V。模組另外包含一個 tack 按鍵開關，使用時必須外加一個 10kΩ提升電阻連接至+5V，當按鍵未按下時，SW 輸出邏輯 1；反之當按鍵被按下時，SW 輸出邏輯 0。

本章利用十字搖桿模組來控制 RF 遙控自走車**前進、後退、右轉、左轉**及**停止**等運行動作。如表 7-2 所示為 RF 遙控自走車運行方向的控制策略。

表 7-2　RF 遙控自走車運行方向的控制策略

十字搖桿模組	運行代碼	控制策略	左輪	右輪
+x 位置	1	前進	反轉	正轉
-x 位置	2	後退	正轉	反轉
+y 位置	3	右轉	反轉	停止
-y 位置	4	左轉	停止	正轉
置中	0	停止	停止	停止

7-4　自造 RF 遙控自走車

RF 遙控自走車包含 RF **發射電路**及 RF **遙控自走車電路**，所使用的 RF 模組，發射及接收的載波頻率必須相同，常用 RF 模組的載波頻率有 315MHz、433MHz 及 2.4GHz 等多種。

7-4-1 RF 發射電路

如圖 7-5 所示 RF 發射電路接線圖，包含**十字搖桿模組、RF 發射模組、Arduino 控制板、麵包板原型（proto）擴充板**及**電源電路**等五個部份。

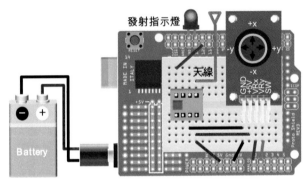

圖 7-5　RF 發射電路接線圖

十字搖桿模組

Arduino 控制板與麵包板原型擴充板先行組合，再將十字搖桿模組插入麵包板中，並由 Arduino 板+5V 供電。將十字搖桿模組的輸出 VRx 及 VRy 分別連接至 Arduino 控制板的類比輸入 A0 及 A1，利用 AnalogRead()函式讀取十字搖桿模組的 X 及 Y 座標，並將其轉換成 10 位元的數位值，Arduino 板再依數位值判斷搖桿的目前位置。

RF 發射模組

Arduino 控制板與麵包板原型擴充板先行組合，再將 RF 發射模組插入麵包板中，並由 Arduino 板的+5V 供電。將 RF 發射模組的資料輸入腳 DIN 連接至 Arduino 板的**數位腳 12**。RF 發射模組的 ANT 腳連接天線來發射 RF 訊號，天線長度約在 20cm~35cm 之間，可以使用單心線來替代天線，但效果較差。

Arduino 控制板

Arduino 控制板為控制中心，檢測十字搖桿模組目前的搖桿位置，並透過 RF 發射模組傳送運行代碼給 RF 遙控自走車電路。

電源電路

電源電路使用+9V 電池輸入至 Arduino 控制板的電源輸入端，經由 Arduino 控制板內部電源穩壓器產生+5V 電壓，再供給 Arduino 控制板所需電源。

□ 功能說明：

　　使用十字搖桿遠端遙控 RF 遙控自走車。當搖桿推向+x 方向時，傳送**前進**代碼 1，使自走車**前進**運行。當搖桿推向-x 方向時，傳送**後退**代碼 2，使自走車**後退**運行。當搖桿推向+y 方向時，傳送**右轉**代碼 3，使自走車**右轉**運行。當搖桿推向-y 方向時，傳送**左轉**代碼 4，使自走車**左轉**運行。當搖桿停留在中間位置時，傳送**停止**代碼 0，使自走車**停止**運行。

程式：ch7-1-t.ino（RF 發射電路程式）

```
#include <VirtualWire.h>              //使用 VirtualWire 函式庫。
const int tx_led=13;                  //數位腳 13 連接至傳送 LED 指示燈。
const int length=2;                   //傳送字串長度為 2 bytes。
byte oldVal[length]=" ";              //上次已傳送的字串。
byte newVal[length]=" ";              //本次將傳送的字串。
unsigned int speed=2000;              //RF 傳輸速率為 2000bps。
int VRx;                              //十字遙桿 x 座置。
int VRy;                              //十字遙桿 y 座置。
//初值設定
void setup()
{
    vw_setup(speed);                  //設定 RF 傳輸速率。
    pinMode(tx_led,OUTPUT);           //設定數位腳 13 為輸出埠，連接 LED。
}
//主迴圈
void loop()
{
    VRx=analogRead(A0);               //讀取十字遙桿 x 座標。
    VRy=analogRead(A1);               //讀取十字遙桿 y 座標。
    if(VRx>=600)                      //遙桿推向+x 位置？
        newVal[0]='1';                //傳送「前進」控制碼 1。
    else if(VRx<=400)                 //遙桿推向-x 位置？
        newVal[0]='2';                //傳送「後退」控制碼 2。
    else if(VRy>=600)                 //遙桿推向+y 位置？
        newVal[0]='3';                //傳送「右轉」控制碼 3。
    else if(VRy<=400)                 //遙桿推向-y 位置？
        newVal[0]='4';                //傳送「左轉」控制碼 4。
    else                              //遙桿在中央位置。
```

```
        newVal[0]='0';                    //傳送「停止」控制碼0。
    if(newVal[0]!=oldVal[0]||newVal[0]=='0')//遙桿位置改變或遙桿置中?
    {
        oldVal[0]=newVal[0];              //儲存目前遙桿位置。
        vw_send(newVal,sizeof(newVal));//傳送控制碼。
        vw_wait_tx();                     //等待傳送完成。
        digitalWrite(tx_led,HIGH);        //LED 閃爍一次。
        delay(100);
        digitalWrite(tx_led,LOW);
        delay(100);
    }
}
```

7-4-2 RF 遙控自走車電路

如圖 7-6 所示 RF 遙控自走車電路接線圖，包含 **RF 接收模組**、**Arduino 控制板**、**馬達驅動模組**、**馬達組件**及**電源電路**等五個部份。

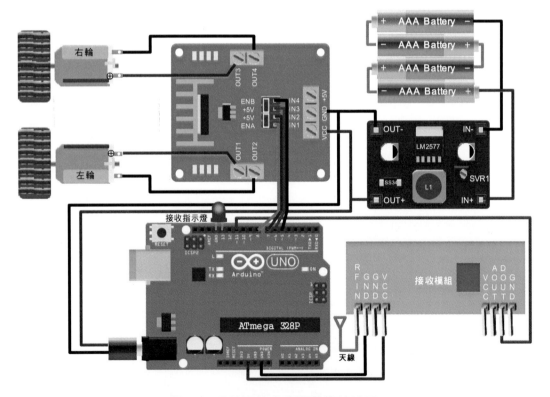

圖 7-6　RF 遙控自走車電路接線圖

RF 接收模組

RF 接收模組由 Arduino 控制板的+5V 供電,並將 RF 接收模組的資料輸出 DOUT 腳連接至 Arduino 控制板的數位腳 11,RF 接收模組的 RFIN 腳連接天線以接收 RF 訊號,天線長度約在 20cm~35cm 之間,可以使用單心線替代天線,但效果較差。

Arduino 控制板

Arduino 控制板為控制中心,檢測 RF 接收模組所接收的自走車運行代碼,依所接收的自走車運行代碼,來驅動左、右兩組減速直流馬達,使自走車能正確運行。

馬達驅動模組

馬達驅動模組使用 L298 驅動 IC 來控制兩組減速直流馬達,其中 IN1、IN2 輸入訊號控制左輪轉向,而 IN3、IN4 輸入訊號控制右輪轉向。**因為 VirtualWire 函式庫使用到 Arduino 的 Timer1,這表示某些需要使用到 Timer1 的 PWM 腳位將會無法正常工作**,因此我們將馬達驅動模組的 ENA 及 ENB 腳直接連接至+5V,得到最大的轉速。如果需要較低的轉速,可改用較大減速比的減速直流馬達。

馬達組件

馬達組件包含兩組 300rpm/min(測試條件:6V)的金屬減速直流馬達、兩個固定座、兩個 D 型接頭 43mm 橡皮車輪及一個萬向輪,橡皮材質輪子比塑膠材質磨擦力大而且控制容易。

電源電路

電源模組包含四個 1.5V 一次電池或四個 1.2V 充電電池及 DC-DC 升壓模組,調整 DC-DC 升壓模組中的 SVR1 可變電阻,使輸出升壓至 9V,再將其連接供電給 Arduino 控制板及馬達驅動模組。如果是使用兩個 3.7V 的 18650 鋰電池,可以不用再使用 DC-DC 升壓模組,每個容量 3000mAh 的 18650 鋰電池約 250 元。

☐ **功能說明:**

RF 遙控自走車電路接收來自相同 RF 載波頻率的 RF 發射電路所傳送的控制代碼。當接收到**前進代碼 1** 時,自走車**前進**運行。當接收到**後退代碼 2**,自走車**後退**運行。當接收到**右轉代碼 3** 時,自走車**右轉**運行。當接收到**左轉代碼 4** 時,自走車**左轉**運行。當接收到**停止代碼 0** 時,自走車**停止**運行。

💿 程式：ch7-1-r.ino（RF 遙控自走車電路程式）

`#include <VirtualWire.h>`	//使用 VirtualWire 函式庫。
`const int negR=5;`	//右輪馬達負極。
`const int posR=6;`	//右輪馬達正極。
`const int negL=7;`	//左輪馬達負極。
`const int posL=8;`	//左輪馬達正極。
`const int rx_led=13;`	//數位腳13 連接至接收 LED 指示燈。
`byte buf[VW_MAX_MESSAGE_LEN];`	//宣告80bytes 緩衝區。
`byte buflen=VW_MAX_MESSAGE_LEN;`	//緩衝區長度為80bytes。
`unsigned int speed=2000;`	//RF 接收速率為2000bps。
`byte val;`	//RF 發射電路所傳送的控制碼。
`//初值設定`	
`void setup()`	
`{`	
`    vw_setup(speed);`	//設定 RF 接收速率。
`    vw_rx_start();`	//啟動接收程序開始接收 RF 訊號。
`    pinMode(posR,OUTPUT);`	//設定數位腳 5 為輸出埠。
`    pinMode(negR,OUTPUT);`	//設定數位腳 6 為輸出埠。
`    pinMode(posL,OUTPUT);`	//設定數位腳 7 為輸出埠。
`    pinMode(negL,OUTPUT);`	//設定數位腳 8 為輸出埠。
`    pinMode(rx_led,OUTPUT);`	//設定數位腳 13 為輸出埠。
`}`	
`//主迴圈`	
`void loop()`	
`{`	
`    if(vw_get_message(buf,&buflen))`	//已正確接收到資料?
`    {`	
`        val=buf[0];`	//儲存資料。
`        digitalWrite(rx_led,HIGH);`	//閃爍一次 LED。
`        delay(100);`	
`        digitalWrite(rx_led,LOW);`	
`        delay(100);`	
`        if(val=='0')`	//資料為「停止」控制碼0?
`            pause();`	//車子停止。
`        else if(val=='1')`	//資料為「前進」控制碼1?
`            forward();`	//車子前進。
`        else if(val=='2')`	//資料為「後退」控制碼2?

```
            back();                        //車子後退。
        else if(val=='3')                  //資料為「右轉」控制碼3?
            right();                        //車子右轉。
        else if(val=='4')                  //資料為「左轉」控制碼4?
            left();                         //車子左轉。
        else                                //不是'0'~'4'等控制碼。
            pause();                        //車子停止。
    }
}
//前進函式
void forward()
{
    digitalWrite(posR,HIGH);                //右輪正轉。
    digitalWrite(negR,LOW);
    digitalWrite(posL,LOW);                 //左轉反轉。
    digitalWrite(negL,HIGH);
}
//後退函式
void back()
{
    digitalWrite(posR,LOW);                 //右輪反轉。
    digitalWrite(negR,HIGH);
    digitalWrite(posL,HIGH);                //左輪正轉。
    digitalWrite(negL,LOW);
}
//停止函式
void pause()
{
    digitalWrite(posR,LOW);                 //右輪停止。
    digitalWrite(negR,LOW);
    digitalWrite(posL,LOW);                 //左輪停止。
    digitalWrite(negL,LOW);
}
//右轉函式
void right()
{
    digitalWrite(posR,LOW);                 //右輪停止。
```

```
    digitalWrite(negR,LOW);
    digitalWrite(posL,LOW);                    //左輪反轉。
    digitalWrite(negL,HIGH);
}
//左轉函式
void left()
{
    digitalWrite(posR,HIGH);                   //右輪正轉。
    digitalWrite(negR,LOW);
    digitalWrite(posL,LOW);                    //左輪停止。
    digitalWrite(negL,LOW);
}
```

 練習

1. 設計 Arduino 程式，使用十字搖桿控制含兩個車燈的 RF 遙控自走車。兩個車燈 Rled 及 Lled 分別連接於 Arduino 控制板的數位腳 11 及 12。當車子前進時，Rled 及 Lled 同時亮；當車子右轉時，Rled 亮；當車子左轉時，Lled 亮；當車子後退時，Rled 及 Lled 均不亮。

2. 設計 Arduino 程式，使用十字搖桿控制含兩個車燈的 RF 遙控自走車。兩個車燈 Rled 及 Lled 分別連接於 Arduino 控制板的數位腳 11 及 12。當車子前進時，Rled 及 Lled 同時亮；當車子右轉時，Rled 閃爍；當車子左轉時，Lled 閃爍；當車子後退時，Rled 及 Lled 均不亮。

RF 天線長度

　　天線（antenna）是無線電設備中用來發射或接收電磁波的組件，一般天線都具有可逆性，既可當作發射天線，也可當作接收天線。由於天線所接收到的電磁波強度與距離成反比，因此天線長度的選擇就顯得相當重要，以期能接收到最大的電磁波訊號。

　　天線長度（λ）=光速（c）/載波頻率（f），可知載波頻率愈小則天線長度愈長，有時因場地或其他因素限制，而必須依一定比例與阻抗匹配來縮小天線長度。在業餘無線電中，四分之一波長的天線算是最簡單而且效果也不差的天線，以本章所使用的 315MHz RF 模組為例，四分之一波長的天線長度（λ/4）＝$(3×10^8/315M)/4 ≅ 24cm$。

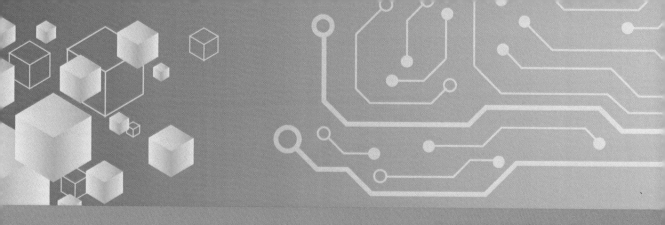

CHAPTER

XBee 遙控
自走車實習

8

8-1　認識 ZigBee

ZigBee 一詞源自於蜜蜂在發現花蜜時，會透過 Z 字型（zigzag）舞蹈與同伴通訊，以傳遞花與蜜的位置、方向及距離等訊息，因此將此**短距離無線通訊新技術命名為 ZigBee**。ZigBee 是由飛利浦、Honeywell、三菱電機、摩托羅拉、三星、BM Group、Chipcon、Freescale 及 Ember 等九家創始公司聯盟所制定的一種無線網路標準，以低功率無線網路標準 IEEE 802.15.4 為基礎，擁有超過 70 位成員。**ZigBee 是一種短距離、架構簡單、低消耗功率及低傳輸速率的無線通訊技術，使用免許可的 868MHz、900MHz 及 2.4GHz 載波頻段。**

如表 8-1 所示為 ZigBee 模組與其它無線通訊模組的特性比較，ZigBee 與紅外線相比，紅外線只能點對點通訊，ZigBee 可以自組網路，最大節點數可達 65000 個。ZigBee 與 Wi-Fi 相比，ZigBee 具有低功率消耗及低成本的優勢，在低耗電待機模式下，兩節普通 5 號電池可以使用 6 個月以上。雖然 Wi-Fi 消耗功率高而且設備成本高，但是 Wi-Fi 應用較為普及。

表 8-1　ZigBee 模組與其它無線通訊模組的特性比較

特性	ZigBee	Bluetooth	RF	Wi-Fi
傳輸距離	50~300 公尺	10~100 公尺	500 公尺	100~300 公尺
傳輸速率	250kbps	1~3Mbps	500Mbps	300Mbps
消耗電流	5mA	<30mA	100mA	10~50mA
協定	IEEE802.15.4	IEEE802.15.1		IEEE802.11
載波頻段	900MHz,2.4GHz	2.4GHz	300~3000MHz	2.4GHz,5GHz
優點	安全性高 自組網能力高	安全性高 設定簡單	傳輸速度快	應用最廣
缺點	傳輸速率低	易受干擾	安全性低	自組網能力低

8-2　認識 XBee 模組

如圖 8-1 所示為 Digi 公司所生產製造的 XBee 無線射頻模組及其接腳名稱，XBee 是美國 Digi 公司所生產製造的 ZigBee 模組型號。XBee 模組系列使用 ZigBee 無線通訊技術，是一種能將原有的全雙工串列埠 UART TTL 介面轉換成無線傳輸的裝置，不限作業系統、不需安裝驅動程式，就可以直接與各種單晶片連接，使用相當容易。

(a) 模組外觀

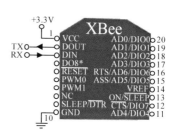

(b) 接腳圖

圖 8-1　XBee 模組

　　XBee 模組工作電壓 3.3V，使用免許可的 2.4GHz 與 900MHz 頻段，傳輸速率 10Kbps~250Kbps，網路架構具備 Master／Slave 屬性，可達到雙向通訊功用。XBee 模組**內建天線，輸出功率為 1mW**，在室內有效傳輸距離約 100 英尺，在室外有效傳輸距離 300 英尺。使用時只須將電源 VCC、GND 及串列埠口 RX、TX 的接腳與 Arduino 控制板正確連接即可工作，其它接腳的功能說明請參考官方網站。**XBee 模組具有傳輸回饋機制，比 RF 模組傳輸資料更為可靠**。

8-2-1　XBee 擴充板

　　如圖 8-2(a)所示 XBee 擴充板，必須如圖 8-2(b)所示與 Arduino UNO 板組合使用。在 XBee 擴充板上有一個小開關，可以控制 XBee 模組是否連接至 Arduino 控制板。當要上傳草稿碼（sketch）至 Arduino 控制板時，必須將開關切換到 DLINE，以斷開 Arduino 控制板與 XBee 模組之間的連結。反之，當開關切換到另一邊時，可建立 Arduino 控制板與 XBee 模組之間的連結，但不可再上傳草稿碼。

(a) 擴充板外觀

(b) 與 Arduino UNO 組合

圖 8-2　XBee 擴充板

8-2-2 XBee 組態設定

設定 XBee 的組態時，必須將 XBee 模組插入如圖 8-3(a)所示 XBee USB 介面轉接板，再將其連接至電腦 USB 埠口。因為在安裝 Arduino 控制板時，已經安裝過 USB 轉串列介面的驅動程式，所以不需再安裝 XBee USB 介面轉接板的驅動程式。當 XBee 模組的組態設定完成後，必須將 XBee 模組插入圖 8-3(b)所示 TTL 介面轉接板，再將其與 Arduino 控制板的串列埠口連接。TTL 介面轉接板內含穩壓 IC LM1117，可以將+5V 電源穩壓成+3.3V 以供電給 XBee 模組。另外，**TTL 介面轉接板的內部電路已將 RX、TX 接腳交換過**，所以只要直接將 RX、TX 接腳分別連接至 Arduino 板上的 RX、TX 接腳，再使用 Arduino 控制板上的電源供電給 TTL 介面轉接板即可。圖 8-3(c) 所示為市售另一種 XBee 模組轉接板，同時具有 USB 介面及 TTL 介面，每片 300 元。

(a) USB 轉接板　　　　　(b) TTL 轉接板　　　　　(c) USB/TTL 轉接板

圖 8-3　XBee 模組轉接板

XBee 模組的組態設定

在使用 XBee 模組時，必須先使用 X-CTU 軟體來設定模組組態，X-CTU 應用程式可至網址 http://www.digi.com/support/kbase/kbaseresultdetl?id=2013 下載。XBee 模組的組態設定方法如下：

STEP 1

A. 將兩個 XBee 模組分別連接至 USB 介面轉接板，並將其分別連接至電腦不同的 USB 埠口。

STEP ②

A. 點選 X-CTU 應用程式進入設定畫面。在【 Select Com Port 】視窗中可以看到所連接的 XBee 模組串列埠編號 COM5、COM6。COM 的代號因系統不同而異。

B. 點選【 USB Serial Port(COM5) 】設定第一個 XBee 模組。

C. 點選【 Modem Configuration 】

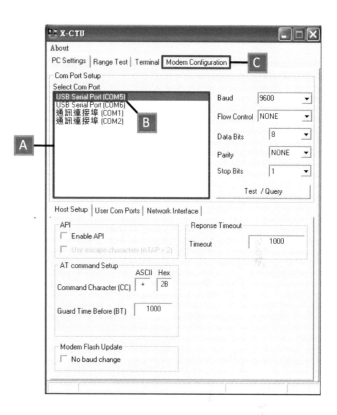

STEP ③

A. 在【 Modem Configuration 】頁面中點選【 Read 】鈕自動搜尋 XBee 型號。

B. 設定目的位址 DH:DL=0:1。

C. 設定來源位址 MY=2。

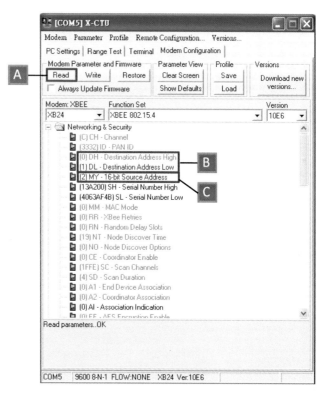

STEP 4

A. 開啟 Serial Interfacing 資料夾，設定鮑率 BD 為 9600bps。

B. 按下【Write】鈕，將所設定的組態寫至 XBee 模組中。

C. 重覆步驟 1 到步驟 3 的方法，設定第二個 XBee 模組，點選【USB Serial Port(COM6)】分別設目的位址 DH:DL=0:2，來源位址 MY=1 及鮑率 BD 為 9600bps。

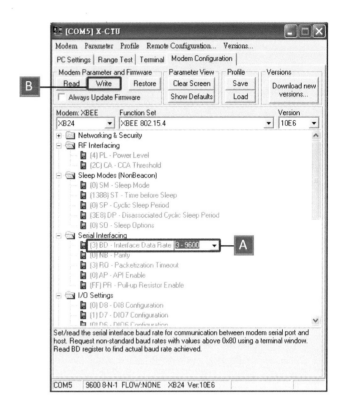

8-3　認識 XBee 遙控自走車

所謂 XBee 遙控自走車是指利用十字搖桿模組的搖桿位置變化，透過 XBee 模組遠端遙控自走車**前進**、**後退**、**右轉**、**左轉**及**停止**等運行動作。為了避免與 Arduino 控制板所使用的串列埠（RX：數位腳 0，TX：數位腳 1）相衝突，造成功能不正常，本章使用 SoftwareSerial.h **函式庫**重新設定 XBee 模組串列埠使用數位接腳 3（RX）及數位腳 4（TX）當做序列通訊埠，並將其命名為 **XBeeSerial**。如表 8-2 所示為 XBee 遙控自走車運行方向的控制策略。

表 8-2　XBee 遙控自走車運行方向的控制策略

十字搖桿模組	運行代碼	控制策略	左輪	右輪
+x 位置	1	前進	反轉	正轉
-x 位置	2	後退	正轉	反轉
+y 位置	3	右轉	反轉	停止
-y 位置	4	左轉	停止	正轉
置中	0	停止	停止	停止

8-4 自造 XBee 遙控自走車

XBee 遙控自走車包含 XBee **發射電路**及 XBee **遙控自走車電路**兩個部份,所使用的 XBee 模組必須先如 8-2-2 節所述 XBee 組態設定,分別設定**來源位址**、**目的位址**及**傳輸鮑率**。

如表 8-3 所示 XBee 發射電路與 XBee 遙控自走車的 XBee 模組設定,XBee 發射電路中 XBee 模組的目的位址與 XBee 遙控自走車 XBee 模組的來源位址相同,而 XBee 發射電路中 XBee 模組的來源位址與 XBee 遙控自走車 XBee 模組的目的位址相同。另外,兩個 XBee 模組的傳輸鮑率必須相同,才能正確傳輸。

表 8-3 XBee 發射電路與 XBee 遙控自走車的 XBee 模組設定

	XBee 發射電路	XBee 遙控自走車
來源位址	MY=2	DH:DL=0:2
目的位址	DH:DL=0:1	MY=1
傳輸鮑率	9600bps	9600bps

8-4-1 XBee 發射電路

如圖 8-4 所示 XBee 發射電路接線圖,包含**十字搖桿模組**、**XBee 模組**、Arduino **控制板**、**麵包板原型擴充板**及**電源電路**等五個部份。

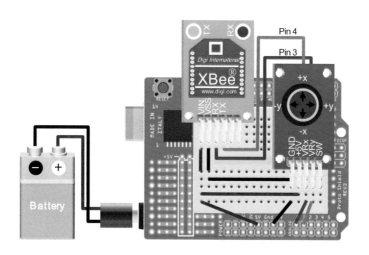

圖 8-4 XBee 發射電路接線圖

十字搖桿模組

Arduino 控制板與麵包板原型擴充板先行組合，再將十字搖桿模組插入麵包板中，並由 Arduino 控制板的+5V 供電。將十字搖桿模組的輸出 VRx 及 VRy 分別連接至 Arduino 控制板的類比輸入 A0 及 A1。利用 AnalogRead()函式讀取十字搖桿模組的 x、y 座標，並將其轉換成 10 位元的數位值，再依數位值判斷搖桿目前的位置。

XBee 模組

Arduino 控制板與麵包板原型擴充板先行組合，再將 XBee 模組插入麵包板中，並由 Arduino 板的+5V 供電。將 XBee 模組的 RX 腳連接至 Arduino 控制板的數位腳 3（設定為 RX），將 XBee 模組的 TX 腳連接至 Arduino 板的數位腳 4（設定為 TX）。**XBee 模組內部已將 RX、TX 互換過，與 Arduino 板串口連接不用再互換。**

Arduino 控制板

Arduino 控制板為控制中心，檢測十字搖桿模組目前的搖桿位置，透過 XBee 模組傳送自走車的運行代碼。XBee 模組為雙向傳輸機制，具有回饋，所以訊息保證一定會傳輸成功，因此 **XBee 模組傳輸穩定性比 RF 模組高。**

電源電路

為了達到遙控的機動性，電源電路使用 9V 電池輸入至 Arduino 控制板電源輸入端，並由 Arduino 控制板內部電源穩壓器產生 5V 電壓供給 Arduino 微控制板。

☐ **功能說明：**

使用十字搖桿控制 XBee 遙控自走車。當搖桿推向+x 方向時，傳送『**前進**』代碼 1，使自走車**前進**運行。當搖桿推向-x 方向時，傳送**後退**代碼 2，使自走車**後退**運行。當搖桿推向+y 方向時，傳送**右轉**代碼 3，使自走車**右轉**運行。當搖桿推向-y 方向時，傳送**左轉**代碼 4，使自走車**左轉**運行。當搖桿停留在中間位置時，傳送**停止**代碼 0，使自走車**停止**運行。

🔘 程式：ch8-1-t.ino（XBee 發射電路程式）

```
#include <SoftwareSerial.h>              //使用 SoftwareSerial.h 函式庫。
SoftwareSerial XBeeSerial(3,4);          //數位腳 3 為 RX、數位腳 4 為 TX。
int VRx;                                 //搖桿 x 軸的位置。
```

```
int VRy;                            //搖桿 y 軸的位置。
int oldVal=0xff;                    //舊的搖桿位置。
int newVal=0xff;                    //新的搖桿位置。
//初值設定
void setup()
{
    XBeeSerial.begin(9600);         //XBee 串列埠初始化，鮑率 9600bps。
}
//主迴圈
void loop()
{
    VRx=analogRead(A0);             //讀取搖桿 x 位置。
    VRy=analogRead(A1);             //讀取搖桿 y 位置。
    if(VRx>=600)                    //搖桿向+x 方向按?
        newVal=1;                   //車子前進。
    else if(VRx<=400)               //搖桿向-x 方向按?
        newVal=2;                   //車子後退。
    else if(VRy>=600)               //搖桿向+y 方向按?
        newVal=3;                   //車子右轉。
    else if(VRy<=400)               //搖桿向-y 方向按?
        newVal=4;                   //車子左轉。
    else                            //搖桿在中間位置。
        newVal=0;                   //車子停止。
    if(newVal!=oldVal)              //搖桿位置與上次不同?
    {
        oldVal=newVal;              //儲存搖桿位置碼。
        XBeeSerial.print(newVal);   //將搖桿位置碼傳送出去。
    }
}
```

8-4-2 XBee 遙控自走車電路

如圖 8-5 所示 XBee 遙控自走車電路接線圖，包含 XBee 模組、Arduino 控制板、馬達驅動模組、馬達組件、電源電路等五個部份。

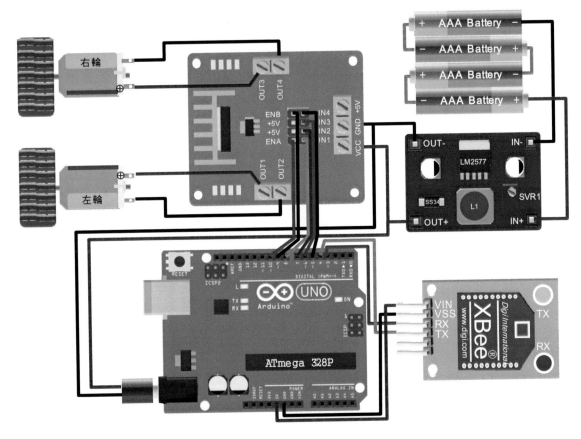

圖 8-5　XBee 遙控自走車電路接線圖

XBee 模組

Arduino 控制板與麵包板原型擴充板先行組合，再將 XBee 模組插入麵包板（或是直接與 Arduino 控制板連線），並由 Arduino 控制板的+5V 供電。將 XBee 模組的 RX 腳連接至 Arduino 控制板的數位腳 3（設定為 RX），將 XBee 模組的 TX 腳連接至 Arduino 控制板的數位腳 4（設定為 TX）。**XBee 模組內部已將 RX、TX 互換過，與 Arduino 板串口連接不用再互換。**

Arduino 控制板

　　Arduino 控制板為控制中心，檢測 XBee 模組所接收的自走車運行代碼，來驅動左、右兩組減速直流馬達，使自走車能正確運行。XBee 模組為雙向傳輸機制，具有回饋，所以訊息保證一定會傳輸成功，傳輸穩定性比 RF 模組高。

馬達驅動模組

　　馬達驅動模組使用 L298 驅動 IC 來控制兩組減速直流馬達，其中 IN1、IN2 輸入訊號控制左輪轉向，而 IN3、IN4 輸入訊號控制右輪轉向。另外，Arduino 控制板輸出兩組 PWM 訊號連接至 ENA 及 ENB，分別控制左輪及右輪的轉速。因為馬達有最小的啟動轉矩電壓，所輸出的 PWM 訊號平均值不可太小，以免無法驅動馬達轉動。PWM 訊號只能微調馬達轉速，如果需要較低的轉速，可改用較大減速比的減速直流馬達。

馬達組件

　　馬達組件包含兩組 300rpm/min（測試條件：6V）的金屬減速直流馬達、兩個固定座、兩個 D 型接頭 43mm 橡皮車輪及一個萬向輪，橡皮材質輪子比塑膠材質磨擦力大而且控制容易。

電源電路

　　電源模組包含四個 1.5V 一次電池或四個 1.2V 充電電池及 DC-DC 升壓模組，調整 DC-DC 升壓模組中的 SVR1 可變電阻，使輸出升壓至 9V，再將其連接供電給 Arduino 控制板及馬達驅動模組。如果是使用兩個 3.7V 的 18650 鋰電池，可以不用再使用 DC-DC 升壓模組。每個容量 2000mAh 的 1.2V 鎳氫電池約 90 元，每個容量 3000mAh 的 18650 鋰電池約 250 元。

☐ **功能說明：**

　　XBee 接收電路接收相同傳輸速率的 XBee 發射電路所傳送的控制代碼。當接收到**前進**代碼 1 時，自走車**前進**運行。當接收到**後退**代碼 2，自走車**後退**運行。當接收到**右轉**代碼 3 時，自走車**右轉**運行。當接收到**左轉**代碼 4 時，自走車**左轉**運行。當接收到**停止**代碼 0 時，自走車**停止**運行。

程式：ch8-1-r.ino（XBee 遙控自走車電路程式）

```
#include <SoftwareSerial.h>              //使用 SoftwareSerial.h 函式庫。
SoftwareSerial XBeeSerial(3,4);          //設定數位腳 3 為 RX，數位腳 4 為 TX。
const int negR=5;                        //右輪馬達負極。
const int posR=6;                        //右輪馬達正極。
const int negL=7;                        //左輪馬達負極。
const int posL=8;                        //左輪馬達正極。
const int pwmR=9;                        //右輪轉速控制。
const int pwmL=10;                       //左輪轉速控制。
const int Rspeed=200;                    //右輪轉速初值。
const int Lspeed=200;                    //左輪轉速初值。
char val;                                //XBee 發射電路所傳送的運行代碼。
//初值設定
void setup()
{
    pinMode(posR,OUTPUT);                //設定數位腳 5 為輸出埠。
    pinMode(negR,OUTPUT);                //設定數位腳 6 為輸出埠。
    pinMode(posL,OUTPUT);                //設定數位腳 7 為輸出埠。
    pinMode(negL,OUTPUT);                //設定數位腳 8 為輸出埠。
    XBeeSerial.begin(9600);              //設定 XBee 通訊埠速率為 9600bps。
}
//主迴圈
void loop()
{
    if(XBeeSerial.available())           //XBee 模組已接到控制碼?
    {
        val=XBeeSerial.read();           //讀取控制碼。
        val=val-'0';                     //將字元資料轉成數值資料。
        if(val==0)                       //控制碼為 0?
            pause(0,0);                  //車子停止。
        else if(val==1)                  //控制碼為 1?
            forward(Rspeed,Lspeed);      //車子前進。
        else if(val==2)                  //控制碼為 2?
            back(Rspeed,Lspeed);         //車子後退。
        else if(val==3)                  //控制碼為 3?
            right(Rspeed,Lspeed);        //車子右轉。
```

```
        else if(val==4)                 //控制碼為4?
            left(Rspeed,Lspeed);        //車子左轉。
    }
}
//前進函式
void forward(byte RmotorSpeed, byte LmotorSpeed)
{
    analogWrite(pwmR,RmotorSpeed);      //設定右輪轉速。
    analogWrite(pwmL,LmotorSpeed);      //設定左輪轉速。
    digitalWrite(posR,HIGH);            //右輪正轉。
    digitalWrite(negR,LOW);
    digitalWrite(posL,LOW);             //左轉反轉。
    digitalWrite(negL,HIGH);
}
//後退函式
void back(byte RmotorSpeed, byte LmotorSpeed)
{
    analogWrite(pwmR,RmotorSpeed);      //設定右輪轉速。
    analogWrite(pwmL,LmotorSpeed);      //設定左輪轉速。
    digitalWrite(posR,LOW);             //右輪反轉。
    digitalWrite(negR,HIGH);
    digitalWrite(posL,HIGH);            //左輪正轉。
    digitalWrite(negL,LOW);
}
//停止函式
void pause(byte RmotorSpeed, byte LmotorSpeed)
{
    analogWrite(pwmR,RmotorSpeed);      //設定右輪轉速。
    analogWrite(pwmL,LmotorSpeed);      //設定左輪轉速。
    digitalWrite(posR,LOW);             //右輪停止。
    digitalWrite(negR,LOW);
    digitalWrite(posL,LOW);             //左輪停止。
    digitalWrite(negL,LOW);
}
//右轉函式
void right(byte RmotorSpeed, byte LmotorSpeed)
{
```

```
    analogWrite(pwmR,RmotorSpeed);      //設定右輪轉速。
    analogWrite(pwmL,LmotorSpeed);      //設定左輪轉速。
    digitalWrite(posR,LOW);             //右輪停止。
    digitalWrite(negR,LOW);
    digitalWrite(posL,LOW);             //左輪反轉。
    digitalWrite(negL,HIGH);
}
//左轉函式
void left(byte RmotorSpeed, byte LmotorSpeed)
{
    analogWrite(pwmR,RmotorSpeed);      //設定右輪轉速。
    analogWrite(pwmL,LmotorSpeed);      //設定左輪轉速。
    digitalWrite(posR,HIGH);            //右輪正轉。
    digitalWrite(negR,LOW);
    digitalWrite(posL,LOW);             //左輪停止。
    digitalWrite(negL,LOW);
}
```

練習

1. 設計 Arduino 程式，使用十字搖桿遙控含車燈的 XBee 遙控自走車，兩個車燈 Rled 及 Lled 分別連接於 Arduino 控制板的數位腳 11 及 12。當自走車前進時，Rled 及 Lled 同時亮；當自走車右轉時，Rled 亮；當自走車左轉時，Lled 亮；當自走車後退時，Rled 及 Lled 均不亮。

2. 設計 Arduino 程式，使用十字搖桿遙控含車燈的 XBee 遙控自走車，兩個車燈 Rled 及 Lled 分別連接於 Arduino 控制板的數位腳 11 及 12。當自走車前進時，Rled 及 Lled 同時亮；當自走車右轉時，Rled 閃爍；當自走車左轉時，Lled 閃爍；當自走車後退時，Rled 及 Lled 均不亮。

CHAPTER

加速度計遙控
自走車實習

9

9-1　認識加速度計

　　加速度計（accelerometer）又稱為加速度感測器、重力加速度感測器、慣性感測器等，是用來測量物體自身的**加速度運動變化率**。加速度計具有尺寸小、重量輕、可靠度高、低功率、低成本等優點，因此被廣泛應用在智慧型手機、導航系統（global positioning system，簡記 GPS）、車用電子等領域。依其重力範圍可區分為**低衝擊力式**與**高衝擊力式**，低衝擊力式加速度計的重力 g 值為 1，常用於汽車導航系統、體感遊戲機、計步器、機器人或 MP3、PC 等 3C 產品中的穩定控制系統。高衝擊力式加速度計的重力 g 值範圍較高，常用於汽車安全氣囊裝置中。

9-2　認識加速度計模組

　　如圖 9-1 所示為 TME 公司生產的 MMA7260 / MMA7361 加速度計模組，不同公司生產所引出的接腳位置可能不同，但其內部皆使用 Freescale 半導體公司生產的 MMA7260 / MMA7361 加速度計。MMA7260 / MMA7361 加速度計的工作電壓為 2.2V~3.6V（**典型值** 3.3V），工作電流為 500μA，休眠模式下只有 3μA。可讀出 X、Y、Z 等三軸低量級**下降、傾斜、移動、定位、撞擊**和**震動誤差**。

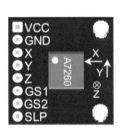

(a) 7260 模組外觀　　(b) 7260 接腳圖　　(c) 7361 模組外觀　　(d) 7361 接腳圖

圖 9-1　MMA7260 /MMA7361 加速度計模組

9-2-1 加速度計的 g 值靈敏度

　　如表 9-1 所示 MMA7260 加速度計的 g 值靈敏度，利用加速度計的 GS1、GS2 兩支接腳可以調整 ±1.5g、±2g、±4g、±6g 等四種 g 值靈敏度（sensitivity）範圍。當 GS1=GS2=0 或空接時的最大 g 值範圍為±1.5g，最大靈敏度為±800mV/g。因此，每個 g 力可以有 ±800mV 的變化。

表 9-1　MMA7260 加速度計的 g 值靈敏度

GS1	GS2	g 值範圍	靈敏度
0	0	±1.5g	±800mV/g
0	1	±2g	±600mV/g
1	0	±4g	±300mV/g
1	1	±6g	±200mV/g

如表 9-2 所示 MMA7361 加速度計的 g 值靈敏度，利用加速度計的 GSEL 接腳可以調整 ±1.5g、±6g 等兩種 g 值靈敏度範圍。當 GEL=0 或空接時的最大 g 值範圍為 ±1.5g，最大靈敏度為±800mV/g。因此，每個 g 力可以有±800mV 的變化。

表 9-2　MMA7361 加速度計的 g 值靈敏度

GSEL	g 值範圍	靈敏度
0	±1.5g	±800mV/g
1	±6g	±206mV/g

9-2-2 傾斜角度與 X、Y、Z 三軸輸出電壓的關係

如表 9-3 所示為 MMA7260/MMA7361 加速度計傾斜角度與 X、Y、Z 三軸輸出電壓的關係，只需使用**一階 RC 低通濾波器**，再以 Arduino 控制板的類比輸入腳讀取 X、Y、Z 軸的類比電壓，即可得到 0.8V~2.4V 之間的輸出電壓。因為 Arduino 控制板類比輸入為 10 位元 ADC 轉換器，當類比輸入電壓為 0.8V 時，轉換數位值為 $1024×0.8V/5V≅164$；當類比輸入電壓為 2.4V 時，轉換數位值為 $1024×2.4V/5V≅492$。

表 9-3　MMA7260/MMA7361 加速度計傾斜角度與 X、Y、Z 三軸輸出電壓的關係

傾斜角度	-90°	-60°	-45°	-30°	0°	+30°	+45°	+60°	+90°
電壓	0.8V	1.0V	1. 2V	1.4V	1.6V	1.8V	2.0V	2.2V	2.4V
數位值	164	205	246	287	328	369	410	451	492

加速度計模組實際輸出電壓值會有誤差，而且相同模組 X、Y、Z 軸的輸出電壓範圍可能不同，必須自己測試調校。MMA7260/MMA7361 加速度計模組在傾斜角度 0°時的輸出電壓範圍為 1.485V~1.815V（**典型值為 1.65V**）。本章所使用的 MMA7260

加速度計模組在 0°時的輸出電壓為 1.7V，−90°時的輸出電壓值為 0.9V，+90°時的輸出電壓值為 2.5V。

9-2-3 最大傾斜角度與 X、Y、Z 三軸輸出電壓的關係

如圖 9-2 所示為加速度計最大傾斜角度與 X、Y、Z 三軸輸出電壓的關係。圖 9-2(a) 為 X 軸向+X 方向傾斜+90°，X 輸出電壓為 2.4V。圖 9-2(b)為 X 軸向−X 方向傾斜−90°，X 輸出電壓為 0.8V。圖 9-2(c)為 Y 軸向+Y 方向傾斜+90°，Y 輸出電壓為 2.4V；圖 9-2(d)為 Y 軸向−Y 方向傾斜−90°，Y 輸出電壓為 0.8V。圖 9-2(e)為 Z 軸向+Z 方向傾斜+90°，Z 輸出電壓為 2.4V；圖 9-2(f)為 Z 軸向−Z 方向傾斜−90°，Z 輸出電壓為 0.8V。

 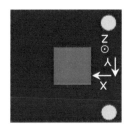 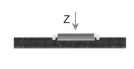

(a) X 傾斜+90°,電壓 2.4V　　(c) Y 傾斜+90°,電壓 2.4V　　(e) Z 傾斜+90°,電壓 2.4V

 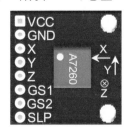 

(b) X 傾斜-90°,電壓 0.8V　　(d) Y 傾斜-90°,電壓 0.8V　　(f) Z 傾斜-90°,電壓 0.8V

圖 9-2　加速度計 X、Y、Z 軸的最大傾斜角度與 X、Y、Z 三軸輸出電壓的關係

9-3　認識加速度計遙控自走車

所謂加速度計遙控自走車是指利用加速度計模組在 X、Y 等二軸的重力變化，透過 XBee 無線模組，遠端遙控自走車**前進、後退、右轉、左轉**及**停止**等運行。為了避免與 Arduino 控制板所使用的串列埠（數位腳 0 及 1）衝突，造成功能不正常，本章使用 SoftwareSerial.h **函式庫**重新設定 XBee 模組串列埠使用數位接腳 3（設成 RX）及數位腳 4（設成 TX）當做串列通訊埠，並將其命名為 XBeeSerial。

如圖 9-3 所示為加速度計 X 傾斜角度與自走車運行方向的關係，如圖 9-3(a)所示加速度計向+X 方向傾斜且角度大於+30°時，自走車**前進**運行。如圖 9-3(b)所示加速度計向−X 方向傾斜且角度小於−30°時，自走車**後退**運行。

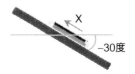

(a) X 傾斜角大於+30°時，自走車前進　　(b) X 傾斜角小於−30°時，自走車後退

圖 9-3　加速度計 X 傾斜角度與自走車運行方向的關係

如圖 9-4 所示為加速度計 Y 傾斜角度與自走車運行方向的關係，如圖 9-4(a)所示加速度計向+Y 方向傾斜且角度大於+30°時，自走車**右轉**運行。如圖 9-4(b)所示加速度計向-Y 方向傾斜且角度小於−30°時，自走車**左轉**運行。

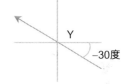

(a) Y 傾斜角大於+30°時，自走車右轉　　(b) Y 傾斜角小於−30°時，自走車左轉

圖 9-4　加速度計 Y 傾斜角度與自走車運行方向的關係

如表 9-4 所示為加速度計遙控自走車運行的控制策略，加速度計的 X 方向或 Y 方向必須傾斜大於+30°或小於−30°時，自走車才會運行。**當 X 方向及 Y 方向的傾斜角度都在−30°~+30°之間時，自走車將會停止運行。**

表 9-4　加速度計遙控自走車運行的控制策略

X 方向傾斜	Y 方向傾斜	運行代碼	控制策略	左輪	右輪
大於+30°	−30°~+30°	1	前進	反轉	正轉
小於−30°	−30°~+30°	2	後退	正轉	反轉
−30°~+30°	大於+30°	3	右轉	反轉	停止
−30°~+30°	小於−30°	4	左轉	停止	正轉
−30°~+30°	−30°~+30°	0	停止	停止	停止

9-4　自造加速度計遙控自走車

加速度計遙控自走車包含**加速度計遙控電路**及 XBee **遙控自走車電路**兩個部份，所使用的 XBee 必須先如 8-2-2 節 XBee 組態設定方法，分別設定**來源位址、目的位址**及**傳輸鮑率**。XBee 發射模組的目的位址必須與 XBee 接收模組的來源位址相同，而 XBee 發射模組的來源位址必須與 XBee 接收模組的目的位址相同。另外，兩個 XBee 模組的傳輸鮑率必須相同。

9-4-1　加速度計遙控電路

如圖 9-5 所示使用 MMA7260 加速度計遙控電路接線圖，包含**加速度計模組、XBee 模組、Arduino 控制板、麵包板原型擴充板**及**電源電路**等五個部份。如果使用 MMA7361 加速度計，接線如圖 9-6 所示。

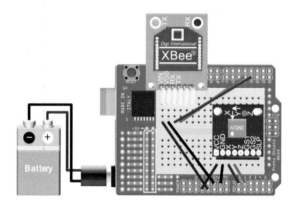

圖 9-5　MMA7260 加速度計遙控電路接線圖

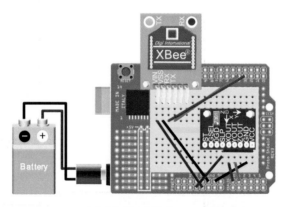

圖 9-6　MMA7361 加速度計遙控電路接線圖

加速度計模組

　　Arduino 控制板與麵包板原型擴充板先行組合，再將加速度計模組插入麵包板中，並由 Arduino 控制板的+5V 供電。將加速度計模組的輸出 X 及 Y 分別連接至 Arduino 控制板的類比輸入 A0 及 A1，利用 **AnalogRead**()函式讀取加速度計模組的 X、Y 座標，將其轉換成 10 位元數位值，再依其數位值判斷加速度計傾斜角度。

XBee 模組

　　Arduino 控制板與麵包板原型擴充板先行組合，再將 XBee 模組插入麵包板中，並由 Arduino 控制板的+5V 供電。因為 **XBee 模組已經將 RX 與 TX 互換過**，所以直接將 XBee 模組的 RX 腳連接至 Arduino 板的數位腳 3（已設定為 RX），XBee 模組的 TX 腳連接至 Arduino 板的數位腳 4（已設定為 TX）。XBee 模組主要的功用是將加速度計的傾斜角度代碼傳送至加速度計遙控自走車的接收電路，控制自走車的運行。

Arduino 控制板

　　Arduino 控制板為控制中心，檢測加速度計模組的傾斜角度，透過 XBee 模組傳送自走車的運行代碼。

電源電路

　　為了達到機動性，電源電路使用 9V 電池輸入至 Arduino 控制板電源輸入端，並由 Arduino 控制板內部電源穩壓器產生 5V 電壓供電給 Arduino 控制板。

☐ **功能說明：**

　　使用加速度計控制 XBee 遙控自走車**前進、後退、右轉、左轉**及**停止**等運行。當加速度計 X 傾斜角度大於+30°時，傳送**前進**代碼 1；當加速度計 X 傾斜角度小於−30°時，傳送**後退**代碼 2；當加速度計 Y 傾斜角度大於+30°時，傳送**右轉**代碼 3；當加速度計 Y 傾斜角度小於−30°時，傳送**左轉**代碼 4；當加速度計在 X 及 Y 傾斜角度皆在−30°~+30°之間時，傳送**停止**代碼 0。

程式：ch9_1_t.ino（加速度計遙控電路程式）

```
#include <SoftwareSerial.h>            //使用 SoftwareSerial.h 函式庫。
SoftwareSerial XBeeSerial(3,4);        //設定數位腳 3 為 RX、數位腳 4 為 TX。
const int Xpin=0;                      //加速度計 X 輸出連接 Arduino A0 腳。
```

```
const int Ypin=1;                           //加速度計 Y 輸出連接 Arduino A1 腳。
int Xaxis,Yaxis;                            //加速度計 X、Y 輸出。
int oldVal=0xff;                            //舊的 X、Y 值。
int newVal=0xff;                            //新的 X、Y 值。
//初值設定
void setup()
{
    XBeeSerial.begin(9600);                 //XBee 串列埠初始化，鮑率 9600bps。
    //Serial.begin(9600);                   //校正加速度計的誤差。
}
//主迴圈
void loop()
{   Xaxis=analogRead(Xpin);                 //讀取 X 數位值。
    //Serial.print("X=");                   //顯示『X=』字串。
    //Serial.println(Xaxis);                //讀取 X 值以校正加速度計 X 軸輸出。
    Xaxis=constrain(Xaxis,190,512);         //限制 X 數位值在 190~512 之間。
    Xaxis=map(Xaxis,184,512,-90,90);        //轉換 X 數位值為-90°~+90°的角度。
    Yaxis=analogRead(Ypin);                 //讀取 Y 數位值。
    //Serial.print("Y=");                   //顯示『Y=』字串。
    //Serial.println(Yaxis);                //讀取 Y 值以校正加速度計 Y 軸輸出。
    Yaxis=constrain(Yaxis,190,512);         //限制 Y 數位值在 190~512 之間。
    Yaxis=map(Yaxis,184,512,-90,90);        //轉換 Y 數位值為-90°~+90°的角度。
    if(Xaxis>=30)                           //X 角度大於等於+30°?
        newVal=1;                           //自走車前進。
    else if(Xaxis<=-30)                     //X 角度小於等於-30°?
        newVal=2;                           //自走車後退。
    else if(Yaxis>=30)                      //Y 角度大於等於+30°?
        newVal=3;                           //自走車右轉。
    else if(Yaxis<=-30)                     //Y 角度小於等於-30°?
        newVal=4;                           //自走車左轉。
    else                                    //X 及 Y 角度在-30°~+30°間。
        newVal=0;                           //自走車停止。
    if(newVal!=oldVal)                      //加速度計 X、Y 狀態有改變?
    {
        oldVal=newVal;                      //儲存新的控制碼。
        XBeeSerial.print(newVal);           //傳送新的控制碼。
    }
}
```

9-4-2 XBee 遙控自走車電路

如圖 9-7 所示加速度計遙控自走車接收電路接線圖，包含 XBee 模組、Arduino 控制板、馬達驅動模組、馬達組件、電源電路等五個部份。

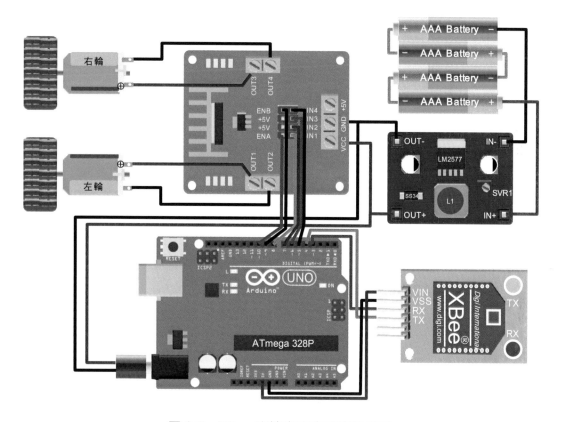

圖 9-7　XBee 遙控自走車電路接線圖

XBee 模組

Arduino 控制板與麵包板原型擴充板先行組合，再將 XBee 模組插入麵包板（或是直接與 Arduino 控制板連線），並由 Arduino 控制板的 +5V 供電。將 XBee 模組的 RX 腳連接至 Arduino 控制板的數位腳 3（設定為 RX），將 XBee 模組的 TX 腳連接至 Arduino 控制板的數位腳 4（設定為 TX）。

Arduino 控制板

Arduino 控制板為控制中心，檢測 XBee 模組所接收到的自走車運行代碼，來驅動左、右兩組減速直流馬達，使自走車能正確運行。

馬達驅動模組

馬達驅動模組使用 L298 驅動 IC 來控制兩組減速直流馬達,其中 IN1、IN2 輸入訊號控制左輪轉向,而 IN3、IN4 輸入訊號控制右輪轉向。另外,Arduino 控制板輸出兩組 PWM 訊號連接至 ENA 及 ENB,分別控制左輪及右輪的轉速。因為馬達有最小的啟動轉矩電壓,所輸出的 PWM 訊號平均值不可太小,以免無法驅動馬達轉動。PWM 訊號只能微調馬達轉速,如果需要較低的轉速,可改用較大減速比的減速馬達。

馬達組件

馬達組件包含兩組 300rpm/min(測試條件:6V)的金屬減速直流馬達、兩個固定座、兩個 D 型接頭 43mm 橡皮車輪及一個萬向輪,橡皮輪子磨擦力大且控制容易。

電源電路

電源模組包含四個 1.5V 一次電池或四個 1.2V 充電電池及 DC-DC 升壓模組,調整 DC-DC 升壓模組中的 SVR1 可變電阻,使輸出升壓至 9V,再將其連接供電給 Arduino 控制板及馬達驅動模組。如果是使用兩個 3.7V 的 18650 鋰電池,可以不用再使用 DC-DC 升壓模組,每個容量 3000mAh 的 18650 鋰電池約 250 元。

□ **功能說明:**

XBee 接收電路接收來自相同 XBee 發射電路所傳送的控制代碼。當接收到**前進**代碼 1 時,自走車**前進**運行。當接收到**後退**代碼 2,自走車**後退**運行。當接收到**右轉**代碼 3 時,自走車**右轉**運行。當接收到**左轉**代碼 4 時,自走車**左轉**運行。當接收到**停止**代碼 0 時,自走車**停止**運行。

程式:ch9_1_r.ino(XBee 遙控自走車電路程式)

```
#include <SoftwareSerial.h>          //使用 SoftwareSerial.h 函式庫。
SoftwareSerial XBeeSerial(3,4);      //設定數位腳 3 為 RXD,數位腳 4 為 TXD。
const int negR=5;                    //右輪馬達負極。
const int posR=6;                    //右輪馬達正極。
const int negL=7;                    //左輪馬達負極。
const int posL=8;                    //左輪馬達正極。
const int pwmR=9;                    //右輪轉速控制。
const int pwmL=10;                   //左輪轉速控制。
const int Rspeed=200;                //右輪轉速初值。
```

```
const int Lspeed=200;              //左輪轉速初值。
char val;                          //XBee 所接收的控制碼。
//初值設定
void setup()
{
    pinMode(posR,OUTPUT);          //設定數位腳 5 為輸出埠。
    pinMode(negR,OUTPUT);          //設定數位腳 6 為輸出埠。
    pinMode(posL,OUTPUT);          //設定數位腳 7 為輸出埠。
    pinMode(negL,OUTPUT);          //設定數位腳 8 為輸出埠。
    XBeeSerial.begin(9600);        //設定 XBee 通訊埠速率為 9600bps。
}
//主迴圈
void loop()
{
    if(XBeeSerial.available())     //XBee 模組已接到控制碼?
    {
        val=XBeeSerial.read();     //讀取控制碼。
        val=val-'0';               //將字元資料轉成數值資料。
        if(val==0)                 //控制碼為 0?
            pause(0,0);            //車子停止。
        else if(val==1)            //控制碼為 1?
            forward(Rspeed,Lspeed); //車子前進。
         else if(val==2)           //控制碼為 2?
            back(Rspeed,Lspeed);   //車子後退。
        else if(val==3)            //控制碼為 3?
            right(Rspeed,Lspeed);  //車子右轉。
        else if(val==4)            //控制碼為 4?
            left(Rspeed,Lspeed);   //車子左轉。
    }
}
//前進函式
void forward(byte RmotorSpeed, byte LmotorSpeed)
{
    analogWrite(pwmR,RmotorSpeed); //設定右輪轉速。
    analogWrite(pwmL,LmotorSpeed); //設定左輪轉速。
    digitalWrite(posR,HIGH);       //右輪正轉。
    digitalWrite(negR,LOW);
```

```
    digitalWrite(posL,LOW);                    //左轉反轉。

    digitalWrite(negL,HIGH);

}

//後退函式

void back(byte RmotorSpeed, byte LmotorSpeed)

{
    analogWrite(pwmR,RmotorSpeed);      //設定右輪轉速。

    analogWrite(pwmL,LmotorSpeed);      //設定左輪轉速。

    digitalWrite(posR,LOW);                    //右輪反轉。

    digitalWrite(negR,HIGH);

    digitalWrite(posL,HIGH);                   //左輪正轉。

    digitalWrite(negL,LOW);

}

//停止函式

void pause(byte RmotorSpeed, byte LmotorSpeed)

{
    analogWrite(pwmR,RmotorSpeed);      //設定右輪轉速。

    analogWrite(pwmL,LmotorSpeed);      //設定左輪轉速。

    digitalWrite(posR,LOW);                    //右輪停止。

    digitalWrite(negR,LOW);

    digitalWrite(posL,LOW);                    //左輪停止。

    digitalWrite(negL,LOW);

}

//右轉函式

void right(byte RmotorSpeed, byte LmotorSpeed)

{
    analogWrite(pwmR,RmotorSpeed);      //設定右輪轉速。

    analogWrite(pwmL,LmotorSpeed);      //設定左輪轉速。

    digitalWrite(posR,LOW);                    //右輪停止。

    digitalWrite(negR,LOW);

    digitalWrite(posL,LOW);                    //左輪反轉。

    digitalWrite(negL,HIGH);

}

//左轉函式

void left(byte RmotorSpeed, byte LmotorSpeed)

{
    analogWrite(pwmR,RmotorSpeed);      //設定右輪轉速。
```

```
    analogWrite(pwmL,LmotorSpeed);        //設定左輪轉速。
    digitalWrite(posR,HIGH);              //右輪正轉。
    digitalWrite(negR,LOW);
    digitalWrite(posL,LOW);               //左輪停止。
    digitalWrite(negL,LOW);
}
```

練習

1. 設計 Arduino 程式，使用加速度計控制 XBee 遙控自走車。在加速度計遙控電路中，增加 Fled、Bled、Rled、Lled 等四個方向指示燈，自走車運行動作如下：

   (1) 當加速度計 X 軸角度大於等於+30°時，Fled 亮且自走車前進。

   (2) 當加速度計 X 軸角度小於等於–30°時，Bled 亮且自走車後退。

   (3) 當加速度計 Y 軸角度大於等於+30°時，Rled 亮且自走車右轉。

   (4) 當加速度計 Y 軸角度小於等於–30°時，Lled 亮且自走車左轉。

   (5) 當加速度計 X、Y 軸角度皆在–30°~+30°之間時，指示燈均不亮且自走車停止。

2. 設計 Arduino 程式，使用加速度計控制 XBee 遙控自走車，自走車運行動作如下：

   (1) 當加速度計 X 軸角度在+30°~+45°時，自走車低速前進。

   (2) 當加速度計 X 軸角度大於+45°時，Fled 亮且自走車高速前進。

   (3) 當加速度計 X 軸角度在–45°~–30°時，自走車低速後退。

   (4) 當加速度計 X 軸角度小於–45°時，Bled 亮且自走車高速後退。

   (5) 當加速度計 Y 軸角度在+30°~+45°時，自走車低速右轉。

   (6) 當加速度計 Y 軸角度大於+30°時，Rled 亮且自走車高速右轉。

   (7) 當加速度計 Y 軸角度在–45°~–30°時，自走車低速左轉。

   (8) 當加速度計 Y 軸角度小於–30°時，Lled 亮且自走車高速左轉。

   (9) 當加速度計 X、Y 軸角度皆在–30°~+30°之間時，指示燈均不亮且自走車停止。

9-5 認識手機加速度計

2007 年 Apple 執行長賈伯斯推出結合**觸控螢幕**和多種**感應器**的新型手機 iPhone，在手機中內建多種微機電系統 (Micro Electro Mechanical Systems，簡記 MEMS) 製程的元件，如加速度感測器（AccelerometerSensor）、位置感測器（LocationSensor，如 GPS）和方向感測器（OrientationSensor，又稱為陀螺儀）等。其中加速度感測器簡稱加速度計，可以用來測量手機 X、Y、Z 三軸的線性速度變化，也可以用來感測行動裝置的傾斜狀況，單位為公尺/秒^2（m/s^2）。

9-5-1 手機傾斜角度與 X、Y、Z 三軸輸出值的關係

如圖 9-8 所示為手機傾斜角度與 X、Y、Z 三軸輸出值的關係，當手機**正面向上靜置**時，X、Y 二軸輸出值均為 0，而 Z 軸輸出最大值為+9.8。當手機**正面向下靜置**時，X、Y 二軸輸出值均為 0，而 Z 軸輸出最小值為−9.8。當手機**右方向上抬高**（左方向下）時，X 軸值會遞增，最大值為+9.8。當手機**左方向上抬高**（右方向下）時，X 軸值會遞減，最小值為−9.8。當手機**上方向上抬高**（下方向下）時，Y 軸值會遞增，最大值為+9.8。當手機**下方向上抬高**（上方向下）時，Y 軸值會遞減，最小值為−9.8。

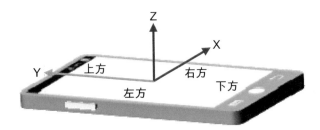

圖 9-8　手機傾斜角度與 X、Y、Z 三軸輸出值的關係

9-5-2 手機最大傾斜角度與 X、Y、Z 三軸輸出值的關係

如圖 9-9 所示為手機最大傾斜角度與 X、Y、Z 三軸輸出值的關係。圖 9-8(a)為手機**右方抬高**+90°時，X 軸最大值為+9.8；圖 9-8(b)為手機**左方抬高**+90°時，X 軸最小值為−9.8。圖 9-8(c)為手機**上方抬高**+90°時，Y 軸最大值為+9.8；圖 9-8(d)為手機**下方抬高**+90°時，Y 軸最小值為−9.8。圖 9-8(e)為手機**平放靜置** Z 軸向上時，Z 軸最大值為+9.8；圖 9-8(f)為手機**平放靜置** Z 軸向下時，Z 軸最小值為−9.8。

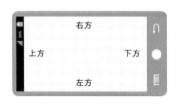

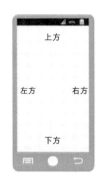

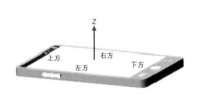

(a) 右方抬高+90°,X=+9.8 　(c) 上方抬高+90°,Y=+9.8 　(e) Z 軸向上,Z=+9.8

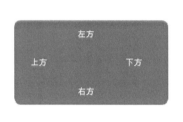

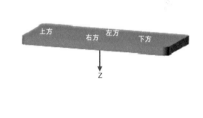

(b) 左方抬高+90°,X=-9.8 　(d) 下方抬高+90°,Y=-9.8 　(f) Z 軸向下,Z=-9.8

圖 9-9　手機最大傾斜角度與 X、Y、Z 三軸輸出值的關係

9-6　認識手機加速度計遙控自走車

　　所謂手機加速度計遙控自走車是指利用手機加速度感測器在 X、Y 等二軸的重力變化,再透過手機藍牙遠端遙控自走車**前進**、**後退**、**右轉**、**左轉**及**停止**等運行動作。

　　如表 9-5 所示為手機加速度計遙控自走車運行的控制策略,當手機**下方抬高**使 Y 軸輸出值小於-2(約-20 度)時,自走車**前進**運行。當手機**上方抬高**使 Y 軸輸出值大於 2(約 20 度)時,自走車**後退**運行。當手機**左方抬高**使 X 軸輸出值小於-2(約-20 度)時,自走車**右轉**運行。當手機**右方抬高**使 X 軸輸出值大於 2(約 20 度)時,自走車**左轉**運行。當手機保持**水平靜置**使 X、Y 軸的傾斜角度皆在-20°~+20°之間時,自走車**停止**運行。

表 9-5　手機加速度計遙控自走車運行的控制策略

手機方向	X 方向傾斜	Y 方向傾斜	運行代碼	控制策略	左輪	右輪
下方抬高	−20°~+20°	小於−20°	1	前進	反轉	正轉
上方抬高	−20°~+20°	大於+20°	2	後退	正轉	反轉
左方抬高	小於−20°	−20°~+20°	3	右轉	反轉	停止
右方抬高	大於+20°	−20°~+20°	4	左轉	停止	正轉
水平置靜	−20°~+20°	−20°~+20°	0	停止	停止	停止

9-7　自造手機加速度計遙控自走車

手機加速度計遙控自走車包含**手機加速度計遙控 App 程式**及**藍牙遙控自走車電路**兩個部份，其中手機加速度計遙控 App 程式使用 App Inventor 2 完成，而藍牙遙控自走車電路主要使用 Arduino 控制板及藍牙模組完成。

9-7-1　手機加速度計遙控 App 程式

如圖 9-10 所示手機加速度計遙控 App 程式，使用 Android 手機中的二維條碼（Quick Response Code，簡記 QRcode）掃描軟體如 QuickMark 等，下載並安裝如圖 9-10(a)所示手機加速度計遙控 App 程式的 QR code 安裝檔，安裝完成後開啟如圖 9-10(b)所示控制介面。

(a) QR code 安裝檔　　　　　　　　　(b) 手機控制介面

圖 9-10　手機加速度計遙控 App 程式

☐ **功能說明：**

　　使用 Android 手機中的二維條碼（Quick Response Code，簡記 QRcode）掃描軟體如 QuickMark 等，下載如圖 9-10(a)手機加速度計遙控 App 程式的 QRcode 安裝檔，並且將其安裝於手機上。安裝完成後將其開啟如圖 9-10(b)所示，按下 連線 鈕顯示已配對的藍牙裝置，選擇藍牙裝置名稱（本例為 BTcar）與 Arduino 藍牙遙控自走車進行配對連線，離線時按下 斷線 鈕。

　　連線成功後即可以手機加速度計遙控自走車**前進、後退、右轉、左轉**及**停止**等運行動作。當手機**下方抬高**時，自走車**前進**運行；當手機**上方抬高**時，自走車**後退**運行；當手機**左方抬高**時，自走車**右轉**運行；當手機**右方抬高**時，自走車**左轉**運行。當手機正面向上靜置時，自走車**停止**運行。如果想要自行修改手機控制介面的配置，可開啟 App Inventor 2 應用程式並且載入隨書所附光碟中的/ini/ACCcar.aia 檔案，方法如下：

STEP ①

A. 點選功能表的【Projects】選項。

B. 在開啟的下拉清單中點選【Import project(.aia) from my computer…】。

STEP ②

A. 按下【選擇檔案】鈕，選擇資料夾並開啟在 ini 資料內的 ACCcar.aia 檔案。

B. 按下【OK】鈕確認。

STEP 3

A. 開啟 ACCcar 檔案後，即可進行修改。

手機加速度計遙控 App 程式拼塊

💿 **程式：ACCcar.aia**

1・開啟 App 程式時，初始化手機介面。

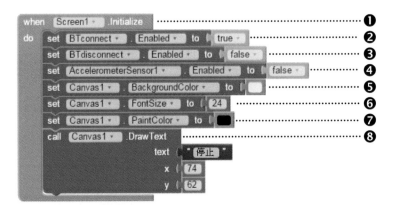

❶ 開啟 App 程式時的初始化動作。

❷ 致能 [連線] 按鈕。

❸ 除能 [斷線] 按鈕。

❹ 除能手機加速度感測器

❺ 設定畫布背景顏色為黃色。

❻ 設定繪製文字的字型大小為 24 點。

❼ 設定畫筆的顏色為黑色。

❽ 在畫布中央位置繪製【停止】文字。

2・在按下 連線 鈕後，手機開始搜尋並顯示所有可連線的藍牙裝置，本例所要連線的藍牙裝置名稱為 BTcar。為避免互相干擾，請更改藍牙裝置名稱。

❶ 在選取藍牙裝置前的動作。

❷ 搜尋並且列表顯示所有可連線的藍牙裝置位址及名稱。

3・與 Arduino 藍牙遙控自走車配對連線成功後，致能加速度感測器，並且傳送停止字元【 0 】，使自走車停止運行。

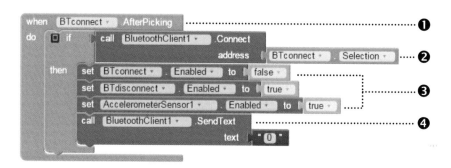

❶ 在選取藍牙裝置後的動作。

❷ 與所選取（Selection）的藍牙裝置進行配對連線。

❸ 除能【 連線 】按鈕、致能【 斷線 】按鈕、致能手機加速度感測器。

❹ 傳送停止字元【 0 】使自走車停止運行。

4・在按下 斷線 鈕後，先傳送停止字元【 0 】使自走車停止運行，並且與連線中的藍牙裝置 BTcar 離線。

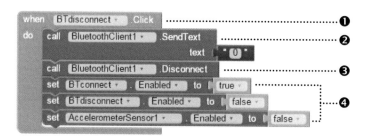

❶ 按下藍牙 斷線 鈕後的動作。

❷ 傳送停止字元【 0 】，使自走車停止運行。

❸ 與連線中的藍牙裝置離線

❹ 致能 連線 按鈕，除能 斷線 按鈕，除能手機加速度感測器。

5・取得加速度感測器 X、Y 軸值的變化量，移動藍色球，並且依 X、Y 軸值改變車子行進方向。

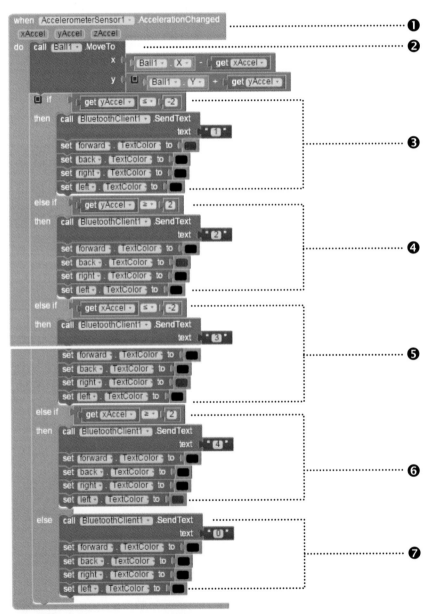

❶ 加速度感測器 X、Y、Z 軸值改變時的動作。

❷ 當行動裝置上方抬高時，球向下移動；當行動裝置下方抬高時，球向上移動；當行動裝置右方抬高時，球向左移動；當行動裝置左方抬高時，球向右移動。

❸ 當行動裝置下方抬高且 Y 軸值小於等於−2（傾斜角度約 20°）時，自走車前進。

❹ 當行動裝置上方抬高且 Y 軸值大於等於+2（傾斜角度約 20°）時，自走車後退。

❺ 當行動裝置左方抬高且 X 軸值小於等於−2（傾斜角度約 20°）時，自走車右轉。

❻ 當行動裝置右方抬高且 X 軸值大於等於+2（傾斜角度約 20°）時，自走車左轉。

❼ 當行動裝置正面向上靜置（X、Y 軸傾斜角度皆小於 20°）時，自走車停止。

9-7-2 藍牙遙控自走車電路

如圖 9-11 所示藍牙遙控自走車電路接線圖，包含**藍牙模組**、**Arduino 控制板**、**馬達驅動模組**、**馬達組件**及**電源電路**等五個部份。

本章【手機加速度計遙控自走車】與第 6 章【手機藍牙遙控自走車】使用相同的藍牙遙控自走車電路，差別在於前者利用**手機傾斜角度**來控制自走車的運行方向，而後者使用**觸控方式**來控制自走車的運行方向。

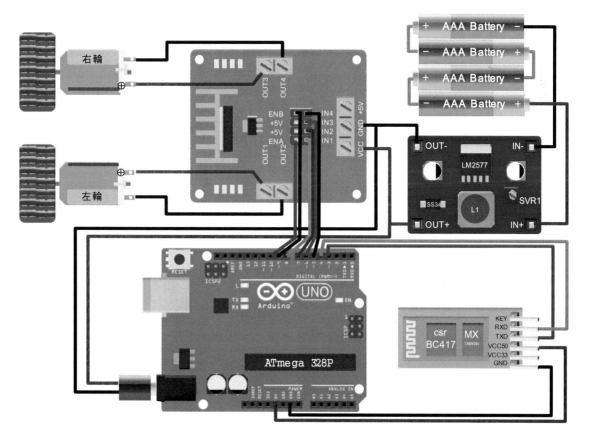

圖 9-11　藍牙遙控自走車電路接線圖

藍牙模組

藍牙模組由 Arduino 控制板的+5V 供電，並將其藍牙模組 RXD 腳連接至 Arduino 板的數位腳 4（TXD），TXD 腳連接至 Arduino 板的數位腳 3（RXD），必須注意接腳不可接錯，否則藍牙無法連線成功。本章所使用的藍牙模組預設名稱為 HC-05，但為了避免互相干擾，建議將藍牙模組更名為 **BTcar** 或是其它裝置名稱。如果是多人同時使用，建議更名為 **BTcar1**、**BTcar2**、**BTcar3**…等。

Arduino 控制板

Arduino 控制板為控制中心，檢測由手機加速度計遙控 App 程式，透過藍牙裝置所傳送的自走車運行代碼，來驅動左、右兩組減速直流馬達，使自走車能正確運行。

馬達驅動模組

馬達驅動模組使用 L298 驅動 IC 來控制兩組減速直流馬達，其中 IN1、IN2 輸入訊號控制左輪轉向，而 IN3、IN4 輸入訊號控制右輪轉向。另外，Arduino 控制板輸出兩組 PWM 訊號連接至 ENA 及 ENB，分別控制左輪及右輪的轉速。因為馬達有最小的啟動轉矩電壓，所輸出的 PWM 訊號平均值不可太小，以免無法驅動馬達轉動。PWM 訊號只能微調馬達轉速，如需要較低的轉速，可改用較大減速比減速直流馬達。

馬達組件

馬達組件包含兩組 300rpm/min（測試條件：6V）的金屬減速直流馬達、兩個固定座、兩個 D 型接頭 43mm 橡皮車輪及一個萬向輪，橡皮材質輪子比塑膠材質磨擦力大而且控制容易。

電源電路

電源模組包含四個 1.5V 一次電池或四個 1.2V 充電電池及 DC-DC 升壓模組，調整 DC-DC 升壓模組中的 SVR1 可變電阻，使輸出升壓至 9V，再將其連接供電給 Arduino 控制板及馬達驅動模組。如果是使用兩個 3.7V 的 18650 鋰電池，可以不用再使用 DC-DC 升壓模組，每個容量 3000mAh 的 18650 鋰電池約 250 元。

☐ **功能說明：**

藍牙遙控自走車電路接收到來自手機加速度計遙控 App 程式所傳送的控制

代碼。當接收到**前進**代碼 1 時，自走車**前進**運行。當接收到**後退**代碼 2，自走車**後退**運行。當接收到**右轉**代碼 3 時，自走車**右轉**運行。當接收到**左轉**代碼 4 時，自走車**左轉**運行。當接收到**停止**代碼 0 時，自走車**停止**運行。

程式：ch9_2_r.ino（藍牙遙控自走車電路程式）

```
#include <SoftwareSerial.h>              //使用 SoftwareSerial.h 函式庫。
SoftwareSerial mySerial(3,4);            //設定數位腳 3 為 RXD、數位腳 4 為 TXD。
const int negR=5;                        //右輪馬達負極。
const int posR=6;                        //右輪馬達正極。
const int negL=7;                        //左輪馬達負極。
const int posL=8;                        //左輪馬達正極。
const int pwmR=9;                        //右輪轉速控制。
const int pwmL=10;                       //左輪轉速控制。
const int Rspeed=200;                    //右輪轉速初值。
const int Lspeed=200;                    //左輪轉速初值。
char val;                                //手機 App 所傳送的控制碼。
//初值設定
void setup()
{
    pinMode(posR,OUTPUT);                //設定數位腳 5 為輸出埠。
    pinMode(negR,OUTPUT);                //設定數位腳 6 為輸出埠。
    pinMode(posL,OUTPUT);                //設定數位腳 7 為輸出埠。
    pinMode(negL,OUTPUT);                //設定數位腳 8 為輸出埠。
    mySerial.begin(9600);                //設定藍牙通訊埠速率為 9600bps。
}
//主迴圈
void loop()
{
    if(mySerial.available())             //藍牙已接收到控制碼?
    {
        val=mySerial.read();             //讀取控制碼。
        val=val-'0';                     //將字元資料轉成數值資料。
        if(val==0)                       //控制碼為 0?
            pause(0,0);                  //車子停止。
        else if(val==1)                  //控制碼為 1?
            forward(Rspeed,Lspeed);      //車子前進。
```

```
        else if(val==2)                    //控制碼為2?
            back(Rspeed,Lspeed);           //車子後退。
        else if(val==3)                    //控制碼為3?
            right(Rspeed,Lspeed);          //車子右轉。
        else if(val==4)                    //控制碼為4?
            left(Rspeed,Lspeed);           //車子左轉。
    }
}
//前進函式
void forward(byte RmotorSpeed, byte LmotorSpeed)
{
    analogWrite(pwmR,RmotorSpeed);         //設定右輪轉速。
    analogWrite(pwmL,LmotorSpeed);         //設定左輪轉速。
    digitalWrite(posR,HIGH);               //右輪正轉。
    digitalWrite(negR,LOW);
    digitalWrite(posL,LOW);                //左轉反轉。
    digitalWrite(negL,HIGH);
}
//後退函式
void back(byte RmotorSpeed, byte LmotorSpeed)
{
    analogWrite(pwmR,RmotorSpeed);         //設定右輪轉速。
    analogWrite(pwmL,LmotorSpeed);         //設定左輪轉速。
    digitalWrite(posR,LOW);                //右輪反轉。
    digitalWrite(negR,HIGH);
    digitalWrite(posL,HIGH);               //左輪正轉。
    digitalWrite(negL,LOW);
}
//停止函式
void pause(byte RmotorSpeed, byte LmotorSpeed)
{
    analogWrite(pwmR,RmotorSpeed);         //設定右輪轉速。
    analogWrite(pwmL,LmotorSpeed);         //設定左輪轉速。
    digitalWrite(posR,LOW);                //右輪停止。
    digitalWrite(negR,LOW);
    digitalWrite(posL,LOW);                //左輪停止。
    digitalWrite(negL,LOW);    }
```

```
//右轉函式
void right(byte RmotorSpeed, byte LmotorSpeed)
{
    analogWrite(pwmR,RmotorSpeed);      //設定右輪轉速。
    analogWrite(pwmL,LmotorSpeed);      //設定左輪轉速。
    digitalWrite(posR,LOW);             //右輪停止。
    digitalWrite(negR,LOW);
    digitalWrite(posL,LOW);             //左輪反轉。
    digitalWrite(negL,HIGH);        }
//左轉函式
void left(byte RmotorSpeed, byte LmotorSpeed)
{
    analogWrite(pwmR,RmotorSpeed);      //設定右輪轉速。
    analogWrite(pwmL,LmotorSpeed);      //設定左輪轉速。
    digitalWrite(posR,HIGH);            //右輪正轉。
    digitalWrite(negR,LOW);
    digitalWrite(posL,LOW);             //左輪停止。
    digitalWrite(negL,LOW);         }
```

練習

1. 設計 Arduino 程式，使用手機加速度計遙控含 Fled、Bled、Rled、Lled 等四個指示燈自走車（註：Fled、Bled、Rled、Lled 分別連至 Arduino 控制板數位腳 14~17）。當行動裝置下方抬高時，自走車前進且 **Fled 亮**。當行動裝置上方抬高時，自走車後退且 **Bled 亮**。當行動裝置左方抬高時，自走車右轉且 **Rled 亮**。當行動裝置右方抬高時，自走車左轉且 Lled 亮。當行動裝置正面向上靜置時，自走車停止且所有燈均不亮。

2. 設計 Arduino 程式，使用手機加速度計遙控含 Fled、Bled、Rled、Lled 等四個方向指示燈自走車（註：Fled、Bled、Rled、Lled 分別連接至 Arduino 控制板數位腳 14~17）。當行動裝置下方抬高時，自走車前進且 **Fled 閃爍**。當行動裝置上方抬高時，自走車後退且 **Bled 閃爍**。當行動裝置左方抬高時，自走車右轉且 **Rled 閃爍**。當行動裝置右方抬高時，自走車左轉且 Lled 閃爍。當行動裝置正面向上靜置時，自走車停止且所有燈均不亮。

NOTE

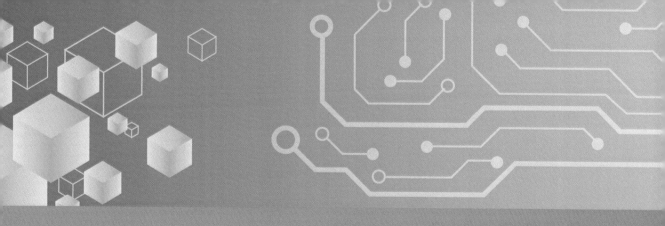

CHAPTER

超音波避障自走車實習

10

10-1　認識超音波

　　聲音是一種**波動**，聲音的振動會引起空氣分子有節奏的振動，使周圍的空氣產生疏密變化，形成疏密相間的縱波，因而產生了聲波，人耳可以聽到的聲音頻率範圍在 20Hz～20kHz 之間。

　　所謂超音波（ultrasound）是指任何聲波或振動，其頻率超過人耳可以聽到的範圍。若超音波的頻率太低則雜音增加；反之若超音波的頻率太高則衰減增加，會降低可到達的距離，在可以測量的距離範圍內，應儘可能提高測量頻率，才能準確測量反射波，以得到較高的距離解析度。一般常用的**超音波頻率範圍在 20kHz～40kHz之間**。超音波直線發射出去後，會不斷擴大而造成擴散損失，距離愈遠則損失愈大。另外，部份超音波會被傳播介質吸收而造成波動能力損失。一般超音波可以使用的測量距離在 10 公尺以內，常用的**超音波模組最大測量距離以 2～5 公尺居多**。

　　超音波測距電路是利用超音波模組來測量物體的距離，其工作原理是利用超音波發射器向待測距的物體發射超音波，並且在發射的同時開始計時。超音波在空氣中傳播，遇到障礙物後就會被反射回來，當超音波接收器接收到反射波時即停止計時，此時所測得的時間差即為超音波模組與物體之間的來回時間 t。因為超音波在空氣中的傳播速度大約為 v=340 公尺/秒，所以超音波模組與物體間的距離 s 等於 $vt/2$公尺。

　　超音波的應用相當廣泛，在海洋方面，如超音波聲納、魚群探勘、海底探勘等。在醫療設備如超音波熱療、超音波影像掃描、超音波碎石機等。在訊號感測上如超音波壓力感測、超音波膜厚感測、超波震動感測。在工業加工方面如超音波金屬焊接、超音波洗淨機、超音波霧化器等。

10-2　認識超音波模組

　　如圖 10-1 所示為 Prarallax 公司所生產的 PING)))™ 超音波模組（#28015），有SIG、+5V、GND 等三支腳，工作電壓+5V，工作電流 30mA，工作溫度範圍 0~70°C。PING)))™ 超音波模組的**有效測量距離在 2 公分到 3 公尺之間**。當物體在 0 公分到 2公分的範圍內時無法測量，傳回值皆為 2 公分。PING)))™ 超音波模組具有 TTL/CMOS介面，可以直接使用 Arduino 控制板來控制。

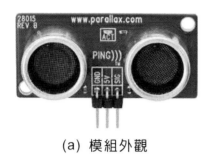

(a) 模組外觀

(b) 接腳圖

圖 10-1　PING)))™ 超音波模組

10-2-1 工作原理

如圖 10-2 所示 PING)))™ 超音波模組的工作原理，首先 Arduino 控制板必須先產生至少維持 2 微秒（典型值 5 微秒）高電位的啟動脈波至 PING)))™ 超音波模組的 SIG 腳，當超音波模組接收到啟動脈波後，會發射 200μs@40kHz 的超音波訊號至物體，所謂 200μs@40kHz 是指頻率為 40kHz 的脈波連續發射 200μs。當超音波訊號經由物體反射回到超音波模組時，感測器會由 SIG 腳再回傳一個 PWM 訊號給 Arduino 控制板，所回應 PWM 訊號的**脈寬時間**與超音波傳遞的**來回距離**成正比，最小值 115 微秒，最大值 18500 微秒。因為音波速度每秒 340 公尺，約等於每公分 29 微秒。因此，**物體與超音波模組的距離=脈寬時間/29/2 公分**。

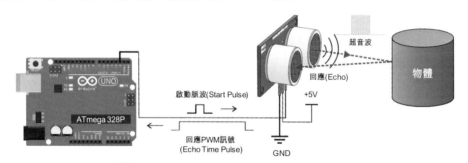

圖 10-2　PING)))™ 超音波模組的工作原理 (圖片來源：www.parallax.com)

10-2-2 物體定位

有時候待測物體的位置也會影響到 PING)))™ 超音波感測器的測量正確性。如圖 10-3 所示三種超音波模組無法定位物體距離的情形。在此三種情形下超音波模組不會接收到超音波訊號，因此無法正確測量物體的距離。

(a) 物體距離超過 3.3m　　(b) 發射角度θ小於 45 度　　(c) 物體太小

圖 10-3　三種超音波模組無法定位物體距離的情形 (圖片來源：www.parallax.com)

　　圖 10-3(a)所示為待測物體距離超過 3.3 公尺，已超過 PING)))™ 超音波模組可以測量的範圍。圖 10-3(b)所示為超音波進入物體的角度小於 45 度，超音波無法反射回至超音波模組。圖 10-3(c)所示為物體太小，超音波模組接收不到反射訊號。

10-3　認識超音波避障自走車

　　所謂超音波避障自走車是指自走車可以**自動運行前進**，而且不會碰撞到任何障礙物。為了讓自走車可以自動避開障礙物，可以使用三個超音波模組分別放置於自走車的車頭右方、前方及左方等三個位置，偵測右方、前方及左方等三個方向的障礙物距離。如果考慮成本，也可以使用如圖 10-4 所示伺服馬達與超音波模組的組合，利用伺服馬達**自動轉向 45 度、90 度及 135 度來偵測右方、前方及左方的障礙物距離**。

圖 10-4　伺服馬達與超音波模組的組合

10-3-1 工作原理

如圖 10-5 所示超音波避障自走車轉動角度與偵測方向的關係，正常情形下自走車自動運行前進。當自走車遇到前方有障礙物且距離小於 25 公分時（可視實際情形調整），自走車立即停止，伺服馬達轉動超音波模組偵測右方（45 度）及左方（135度）障避物距離並且回傳給 Arduino 控制板。Arduino 控制板依據前方、右方及左方障礙物的距離，判斷一條可以安全前進的路徑，避開障礙物後再回正繼續前進運行。

必須注意的是**當伺服馬達在轉動時，超音波模組是無法正確偵測到障礙物的距離，必須等待伺服馬達停止轉動且穩定一段時間（約 0.5 秒）後，才能偵測到障礙物的正確距離。**

(a) 偵測前方障礙物 　　(b) 偵測右方障礙物 　　(c) 偵測左方障礙物

圖 10-5　超音波避障自走車轉動角度與偵測方向的關係

10-3-2 運行策略

超音波避障自走車正常情形為直線前進，當前方有障礙物時，自走車先停止，開始偵測右方及左方障礙物的距離，選擇**障礙物距離較遠的方向為安全的行進路線。**

如圖 10-6 所示為超音波避障自走車的行進路線判斷，圖 10-6(a)所示為前方及右方皆有距離小於 25cm 障礙物時，自走車偵測到左方近端無障礙物，左轉運行 0.5 秒避開障礙物後，再回正直行。圖 10-6(b)所示為前方及左方皆有距離小於 25cm 的障礙物時，自走車偵測到右方近端無障礙物，右轉運行 0.5 秒避開障礙物後，再回正直行。圖 10-6(c)所示為前方、右方及左方皆有距離小於 25cm 障礙物時，自走車偵測到右方及左方近端皆有障礙物，先後退運行 2 秒避開障礙物，再右轉運行 0.5 秒後回正直行。

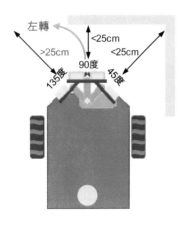

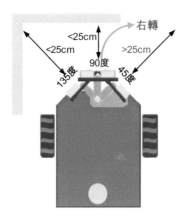

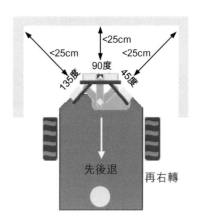

(a) 前方及右方有障礙物　　(b) 前方及左方有障礙物　　(c) 前、右及左方有障礙物

圖 10-6　超音波避障自走車的行進路線判斷

　　如表 10-1 所示為超音波避障自走車運行的控制策略，自走車依超音波模組所感測到左方、前方及右方等三個方向的障礙物距離，選擇障礙物距離大於 25cm 的方向前進，如果三個方向的障礙物距離皆小於 25cm，則自走車先後退運行 2 秒、再右轉運行 0.5 秒離開障礙物，之後再回正直行。

表 10-1　超音波避障自走車運行的控制策略

左方障礙物	前方障礙物	右方障礙物	控制策略	左輪	右輪
無	無	無	前進	反轉	正轉
無	<25cm	<25cm	左轉	停止	正轉
<25cm	<25cm	無	右轉	反轉	停止
<25cm	<25cm	<25cm	後退	正轉	反轉
			右轉	反轉	停止
			前進	反轉	正轉

10-4　自造超音波避障自走車

　　如圖 10-7 所示超音波避障自走車電路接線圖，包含**超音波模組**、**伺服馬達**、**Arduino 控制板**、**馬達驅動模組**、**馬達組件**及**電源電路**等六個部份。

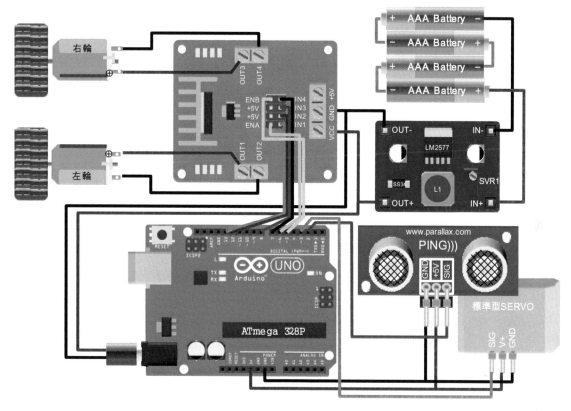

圖 10-7　超音波避障自走車電路接線圖

超音波模組

　　超音波模組與伺服馬達先行組合，由 Arduino 控制板的+5V 供電給超音波模組，並將超音波模組的 SIG 腳連接至 Arduino 控制板的數位腳 2。

伺服馬達

　　伺服馬達與超音波模組先行組合，由 Arduino 控制板的+5V 供電給伺服馬達，並將伺服馬達的的 SIG 訊號腳接至 Arduino 控制板的數位腳 3。

Arduino 控制板

　　Arduino 控制板為控制中心，判斷超音波模組所偵測到前方（90°位置）、右方（45°位置）及左方（135°位置）等三個方向的障礙物距離來決定自走車的運行方向。依表 10-1 所示超音波避障自走車運行的控制策略，來驅動左、右兩組減速直流馬達，使自走車能自動避開障礙物。

馬達驅動模組

馬達驅動模組使用 L298 驅動 IC 來控制兩組減速直流馬達，其中 IN1、IN2 輸入訊號控制左輪轉向，而 IN3、IN4 輸入訊號控制右輪轉向。另外，Arduino 控制板輸出兩組 PWM 訊號連接至 ENA 及 ENB，分別控制左輪及右輪的轉速。因為馬達有最小的啟動轉矩電壓，所輸出的 PWM 訊號平均值不可太小，以免無法驅動馬達轉動。PWM 訊號只能微調馬達轉速，如果需要較低的轉速，可以改用較大減速比的減速直流馬達。

馬達組件

馬達組件包含兩組 300rpm/min（測試條件：6V）的金屬減速直流馬達、兩個固定座、兩個 D 型接頭 43mm 橡皮車輪及一個萬向輪，橡皮材質輪子比塑膠材質磨擦力大而且控制容易。

電源電路

電源模組包含四個 1.5V 一次電池或四個 1.2V 充電電池及 DC-DC 升壓模組，調整 DC-DC 升壓模組中的 SVR1 可變電阻，使輸出升壓至 9V，再將其連接供電給 Arduino 控制板及馬達驅動模組。如果是使用兩個 3.7V 的 18650 鋰電池，可以不用再使用 DC-DC 升壓模組。每個容量 2000mAh 的 1.2V 鎳氫電池約 90 元，每個容量 3000mAh 的 18650 鋰電池約 250 元。

☐ **功能說明：**

自走車自動運行前進，當前方有障礙物時，能夠自動判斷一條可以安全前進的路線，使自走車不會碰撞到任何障礙物。

程式：ch10-1.ino

```
#include <Servo.h>            //使用 Servo 函式庫。
Servo Servo;                  //建立 Servo 資料型態的物件。
const int sig=2;              //超音波模組輸出訊號 sig。
const int negR=7;             //右輪馬達負極接腳。
const int posR=8;             //右輪馬達正極接腳。
const int negL=12;            //左輪馬達負極接腳。
const int posL=13;            //左輪馬達正極接腳。
const int pwmR=5;             //右輪轉速控制腳。
```

```
const int pwmL=6;                        //左輪轉速控制腳。
const int Rspeed=120;                    //右輪轉速初值。
const int Lspeed=130;                    //左輪轉速初值。
const int rotSpeed=150;                  //左、右馬達的轉向速度。
unsigned long Rdistance;                 //右方障礙物距離。
unsigned long Ldistance;                 //左方障礙物距離。
unsigned long Cdistance;                 //前方障礙物距離。
//初值設定
void setup()
{
    pinMode(posR,OUTPUT);                //設定數位接腳 7 為輸出腳。
    pinMode(negR,OUTPUT);                //設定數位接腳 8 為輸出腳。
    pinMode(posL,OUTPUT);                //設定數位接腳 12 為輸出腳。
    pinMode(negL,OUTPUT);                //設定數位接腳 13 為輸出腳。
    Servo.attach(3);                     //數位接腳 3 連接至伺服馬達控制腳。
    Servo.write(90);                     //伺服馬達轉至正前方(90 度)。
}
//主迴圈
void loop()
{
    Servo.write(90);                     //伺服馬達轉至前方 90 度位置。
    delay(500);                          //等待超音波模組穩定。
    Cdistance=ping(sig);                 //讀取前方障礙物距離。
    if(Cdistance<25)                     //前方障礙物距離<25 公分?
    {
        pause(0,0);                      //車子停止。
        Servo.write(45);                 //伺服馬達轉至右方 45 度位置。
        delay(500);                      //等待超音波模組穩定。
        Rdistance=ping(sig);             //讀取右方障礙物距離。
        Servo.write(135);                //伺服馬達轉至左方 135 度位置。
        delay(500);                      //等待超音波模組穩定。
        Ldistance=ping(sig);             //讀取左方障礙物距離。
        Servo.write(90);                 //伺服馬達轉至前方 90 度位置。
        if(Rdistance<25 && Ldistance<25) //右方及左方障礙物皆<25 公分?
        {
            back(Rspeed,Lspeed);         //車子後退 2 秒(視實際情形調整)。
            delay(2000);
```

```
        right(rotSpeed,rotSpeed);        //車子右轉 0.5 秒(視實際情形調整)。
        delay(500);
        forward(Rspeed,Lspeed);          //車子回正前進。
    }
    else if(Rdistance>Ldistance)         //右方障礙物距離>左方障礙物距離?
    {
        right(rotSpeed,rotSpeed);        //車子右轉 0.5 秒(視實際情形調整)。
        delay(500);
    }
    else if(Ldistance>Rdistance)         //左方障礙物距離>右方障礙物距離。
    {
        left(rotSpeed,rotSpeed);         //車子左轉 0.5 秒(視實際情形調整)。
        delay(500);
    }
  }
  else                                   //前方障礙物距離>=25 公分?
    forward(Rspeed,Lspeed);              //車子繼續前進。
}
//超音波測距函式
int ping(int sig)
{
    unsigned long cm;                    //距離(單位:公分)。
    unsigned long duration;              //脈寬(單位:微秒)。
    pinMode(sig,OUTPUT);                 //設定數位接腳 2 為輸出模式。
    digitalWrite(sig,LOW);               //輸出脈寬 5μs 的脈波啟動 PING)))。
    delayMicroseconds(2);
    digitalWrite(sig,HIGH);
    delayMicroseconds(5);
    digitalWrite(sig,LOW);
    pinMode(sig,INPUT);                  //設定數位接腳 2 為輸入模式。
    duration=pulseIn(sig,HIGH);          //讀取物體距離的 PWM 訊號。
    cm=duration/29/2;                    //計算物體距離(單位:公分)。
    return cm;                           //傳回物體距離(單位:公分)
}
//前進函式
void forward(byte RmotorSpeed, byte LmotorSpeed)
{
```

```
    analogWrite(pwmR,RmotorSpeed);      //設定右輪轉速。
    analogWrite(pwmL,LmotorSpeed);      //設定左輪轉速。
    digitalWrite(posR,HIGH);            //右輪正轉。
    digitalWrite(negR,LOW);
    digitalWrite(posL,LOW);             //左轉反轉。
    digitalWrite(negL,HIGH);
}
//後退函式
void back(byte RmotorSpeed, byte LmotorSpeed)
{
    analogWrite(pwmR,RmotorSpeed);      //設定右輪轉速。
    analogWrite(pwmL,LmotorSpeed);      //設定左輪轉速。
    digitalWrite(posR,LOW);             //右輪反轉。
    digitalWrite(negR,HIGH);
    digitalWrite(posL,HIGH);            //左輪正轉。
    digitalWrite(negL,LOW);
}
//停止函式
void pause(byte RmotorSpeed, byte LmotorSpeed)
{
    analogWrite(pwmR,RmotorSpeed);      //設定右輪轉速。
    analogWrite(pwmL,LmotorSpeed);      //設定左輪轉速。
    digitalWrite(posR,LOW);             //右輪停止。
    digitalWrite(negR,LOW);
    digitalWrite(posL,LOW);             //左輪停止。
    digitalWrite(negL,LOW);
}
//右轉函式
void right(byte RmotorSpeed, byte LmotorSpeed)      。
{
    analogWrite(pwmR,RmotorSpeed);      //設定右輪轉速。
    analogWrite(pwmL,LmotorSpeed);      //設定左輪轉速。
    digitalWrite(posR,LOW);             //右輪停止。
    digitalWrite(negR,LOW);
    digitalWrite(posL,LOW);             //左輪反轉。
    digitalWrite(negL,HIGH);
}
```

```
//左轉函式
void left(byte RmotorSpeed, byte LmotorSpeed)
{
    analogWrite(pwmR,RmotorSpeed);      //設定右輪轉速。
    analogWrite(pwmL,LmotorSpeed);      //設定左輪轉速。
    digitalWrite(posR,HIGH);            //右輪正轉。
    digitalWrite(negR,LOW);
    digitalWrite(posL,LOW);             //左輪停止。
    digitalWrite(negL,LOW);
}
```

練習

1. 設計 Arduino 程式，控制含車燈的超音波避障自走車，兩個車燈 Lled 及 Rled 分別連接於 Arduino 控制板的數位腳 14 及 15。當自走車前進時，Rled、Lled 同時亮；當自走車右轉時，Rled 亮；當自走車左轉時，Lled 亮；當自走車後退時，Rled、Lled 同時暗。

2. 設計 Arduino 程式，控制含車燈的超音波避障自走車，三個車燈 Lled、Mled 及 Rled 分別連接於 Arduino 控制板的數位腳 14、15 及 16。當超音波模組轉向右方（45°位置）時，Rled 亮；當超音波模組轉向前方(90°位置)時，Mled 亮；當超音波模組轉向左方（135°位置）時，Lled 亮。

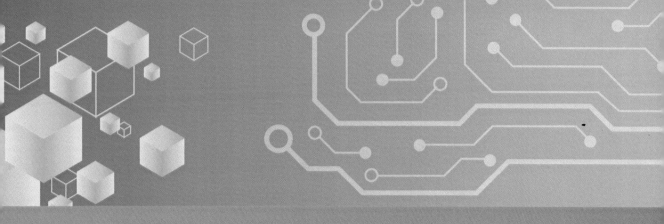

CHAPTER

RFID 導航自走車實習 11

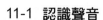

11-1 認識聲音

聲音是一種**波動**，聲音的振動會引起空氣分子有節奏的振動，使周圍的空氣產生疏密變化，形成疏密相間的縱波，因而產生了聲波。人耳可以聽到的聲音頻率範圍在 20Hz～20kHz 之間。如圖 11-1 所示為常用的聲音輸出裝置蜂鳴器（buzzer）及揚聲器（loudspeaker），如圖 11-1(a)所示蜂鳴器可以分為**有源蜂鳴器**及**無源蜂鳴器**兩種，有源又稱為**自激式**，內含驅動電路，必須加直流電壓，而且只能產生單一固定頻率的聲音輸出。無源又稱為**它激式**，沒有內部驅動電路，加上不同頻率的交流訊號可以產生不同頻率的聲音輸出。如圖 11-1(b)所示揚聲器，又稱為喇叭，輸出功率較蜂鳴器大，音質也較蜂鳴器好，但價格較高。

(a) 蜂鳴器　　　　　　　　　(b) 揚聲器

圖 11-1　聲音輸出裝置

如圖 11-2 所示聲音訊號，圖 11-2(a)所示**正弦波為組成聲音的基本波形**，聲音的音量與其振幅 V_m 成正比；聲音的音調與其週期 T 成反比；聲音的發音長度則與其輸出時間長度成正比。在數位電路中經常使用圖 11-2(b)所示方波來模擬正弦波，方波是由**奇次諧波**（hamonic）所組成，奇次諧波頻率為基本波頻率的奇數倍，奇次諧波的數量愈多，波形愈接近方波。因數位電路頻寬有限，只能以有限頻寬來合成方波。

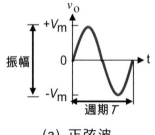
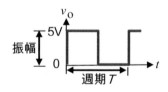

(a) 正弦波　　　　　　　　　(b) 方波

圖 11-2　聲音訊號

11-2 認識 RFID

無線射頻辨識（Radio Frequency IDentification，簡記 RFID），又稱為電子標籤，為一種通訊技術。RFID 系統包含**天線**(antenna 或 coil)、**感應器**（reader）及 **RFID 標籤**（Tag）等三個部份。RFID 的運作原理是利用感應器發射無線電波，去觸動感應範圍內的 RFID 標籤。RFID 標籤藉由電磁感應產生電流，來供應 RFID 標籤上的 IC 晶片運作，並且利用電磁波回傳 RFID 標籤序號。

RFID 是一種**非接觸式**、**短距離**的自動辨識技術，RFID 感應器辨識 RFID 標籤完成後，會將資料傳到系統端作追蹤、統計、查核、結帳、存貨控制等處理。RFID 技術被廣泛運用在各種行業中，如門禁管理、貨物管理、防盜應用、聯合票證、動物監控追蹤、倉儲物料管理、醫療病歷系統、賣場自動結帳、自動控制、員工身份辨識、生產流程追蹤、高速公路自動收費系統等。RFID 具有**小型化**、**多樣化**、**可穿透性**、**可重複使用**、**高環境適應性**等優點。

如表 11-1 所示 RFID 頻率範圍，可分為低頻（LF）、高頻（HF）、超高頻（UHF）及微波等四種。低頻 RFID 主要應用於門禁管理，高頻 RFID 主要應用於智慧悠遊卡，而超高頻 RFID 不開放，主要應用於卡車或拖車追蹤等，微波 RFID 則應用於高速公路電子收費系統（Electronic Toll Collection，簡記 ETC）。超高頻 RFID 及微波 RFID 採用**主動式標籤**，通訊距離最長可達 10~50 公尺。

表 11-1　RFID 頻率範圍

頻帶	頻帶	常用頻率	通訊距離	傳輸速度	標籤價格	主要應用
低頻	9~150kHz	125kHz	≤10cm	低速	1元	門禁管理
高頻	1~300MHz	13.56MHz	≤10cm	低中速	0.5元	智慧卡
超高頻	300~1200MHz	433MHz	≥1.5m	中速	5元	卡車追蹤
微波	2.45~5.80GHz	2.45GHz	≥1.5m	高速	25元	ETC

11-2-1 RFID 感應器

RFID 感應器透過無線電波來存取 RFID 標籤上的資料。依其存取方式可分成 **RFID 讀取器**及 **RFID 讀寫器**兩種。RFID 感應器內部組成包含**電源電路**、**天線**、**微控制器**、**接收器**及**發射器**等。發射器負責將訊號及交流電源透過天線傳送給 RFID 標籤。接收器負責接收 RFID 標籤所回傳的訊號，透過近距離無線通訊（Near Field

Communication，簡記 NFC）技術，將訊號轉交給微控制器處理。

RFID 感應器除了可以讀取 RFID 標籤內容外，也可以將資料寫入 RFID 標籤中。依其功能可分成圖 11-3(a)所示**固定型讀取器**（stationary reader）及圖 11-3(b)所示**手持型讀取器**（handheld reader）兩種類型，各有其用途。固定型讀取器的資料處理速度快、通訊距離較長、涵蓋範圍較大，但機動性較低。手持型讀取器的機動性較高，但通訊距離較短、涵蓋範圍較小。

(a) 固定型讀取器 　　　　　　　　　(b) 手持型讀取器

圖 11-3　RFID 讀取器

11-2-2 RFID 標籤

如圖 11-4 所示 RFID 標籤，依其種類可以分成**貼紙型**、**卡片型**及**鈕扣型**等。如圖 11-4(a)所示貼紙型 RFID 標籤，採用紙張印刷，常應用於物流管理、防盜管理、圖書館管理、供應鏈管理等。卡片型及鈕扣型 RFID 標籤，採用塑膠包裝，常應用於門禁管理、大眾運輸等。

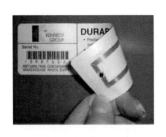

(a) 貼紙型 　　　　　　　(b) 卡片型 　　　　　　　(c) 鈕扣型

圖 11-4　RFID 標籤種類

如圖 11-5 所示 RFID 標籤內部電路，由微晶片（microchip）及天線所組成。微晶片儲存唯一的序號資訊，而天線的功能是用來感應電磁波和傳送 RFID 標籤序號。較大面積的天線，所能感應的範圍較遠，但所佔的空間較大。

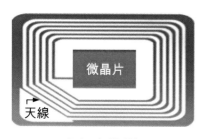

(a) 卡片型

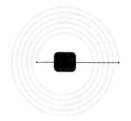

(b) 鈕扣型

圖 11-5　RFID 標籤內部電路

RFID 標籤依其驅動能量來源可分為**被動式**、**半主動式**及**主動式**三種。被動式 RFID 標籤本身沒有電源裝置，所需電流全靠 RFID 感應器的無線電磁波利用電磁感應原理所產生。只有在接收到 RFID 感應器所發出的訊號，才會被動的回應訊號給感應器，因為感應電流較小，所以通訊距離較短。

半主動式 RFID 標籤的規格類似於被動式，但多了一顆**小型電池**，若 RFID 感應器所發出的訊號微弱，RFID 標籤還是有足夠的電力將其內部記憶體的資料回傳到感應器。半主動式 RFID 標籤，比被動式 RFID 標籤的反應速度更快、通訊距離更長。

主動式 RFID 標籤**內置電源**，用來供應內部 IC 晶片所需電源，主動傳送訊號供感應器讀取，電磁波訊號較強，因此通訊距離最長。另外，主動式 RFID 標籤有較大的記憶體容量可用來儲存 RFID 感應器所傳送的附加訊息。

11-3　認識 RFID 模組

常用的 RFID 模組有 **125kHz 低頻 RFID 模組**及 **13.56MHz 高頻 RFID 模組**兩種。前者使用 125kHz 低頻載波通訊，主要應用於門禁管理，後者使用 13.56MHz 高頻載波通訊，主要應用於悠遊智慧卡、門禁管理、員工身份辨識等，兩者無法通用。

11-3-1 125kHz 低頻 RFID 模組

如圖 11-6 所示為 Parallax 公司所生產的 125kHz 低頻 RFID 模組，使用**標準串列通訊介面**，輸出 TTL 電位，工作電壓 5V，最大傳輸速率為 2400bps，**通訊距離在 10**

公分以內。通信協定為 8 個資料位元、無同位元及 1 個停止位元的 8N1 格式。125kHz 低頻 RFID 模組所讀取的 RFID 標籤卡號包含**十個位元組**資料。

(a) 模組外觀

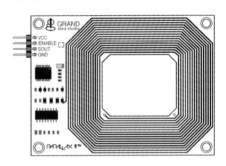
(b) 接腳圖

圖 11-6　低頻 125KHz RFID 模組

因為 125kHz 低頻 RFID 模組與 Arduino 控制板都是使用串列通訊介面，在 Arduino 控制板上載程式時可能會相衝突而造成當機。因此，在每次要上傳程式到 Arudino 控制板之前，必須先將 RFID 模組串列埠的輸出 SOUT 腳與 Arduino 控制板的連線移除，待上傳程式碼結束後，再將 SOUT 腳接回 Arudino 板數位腳 0（RX）。若覺得麻煩，也可以直接使用 SoftwareSerial 函式設定 RFID 模組使用軟體串列埠。

11-3-2 13.56MHz 高頻 RFID 模組

如圖 11-7 所示 NXP 公司所生產的 13.56MHz 高頻 RFID 模組，使用 **SPI 通訊介面**，輸出 TTL 電位，工作電壓 3.3V，最大傳輸速率 10Mbps，**通訊距離在 6 公分以內**。13.56MHz 高頻 RFID 模組所讀取的 RFID 標籤卡號包含**五個位元組**資料。

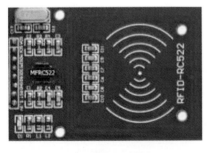
(a) 模組外觀

(b) 接腳圖

圖 11-7　高頻 13.56MHz RFID 模組

13.56MHz 高頻 RFID 模組內部使用 Philips 公司生產的 MFRC522 原裝晶片，所需函式庫可至官方網站 https://github.com/miguelbalboa/rfid 下載。進入如圖 11-8 所示官方網站後，按右下角的下載按鈕 ⊕ Download ZIP ，下載壓縮檔 MFRC522.ZIP。下載並且解壓縮後，將其放置在 Arduino/libraries 目錄下。下載完成後，可以將 MFRC522 資料夾、MFRC522.cpp 及 MFRC522.h 等三個檔案更名為 **RFID 資料夾、RFID.cpp 及 RFID.h** 比較容易辨識。

圖 11-8　RFID-RC522 函式庫下載頁面

11-4　認識 RFID 導航自走車

所謂 RFID 導航自走車是指利用 RFID 標籤來定位自走車目前的位置，並依 RFID 標籤所定義的內容，來控制車子**前進、後退、右轉、左轉**及**停止**等運行動作。

在第 4 章所述的紅外線循跡自走車必須運行在黑色或白色的軌道上，而且軌道必須事先鋪設完成。使用 RFID 技術進行自走車的導航，與紅外線循跡技術相似，但是軌道顏色較不要求，要更改自走車的運行路線也比較容易而且較有彈性。本章使用被動式 RFID 標籤，每一個 RFID 標籤都有一組獨一無二的卡片序號，必須先使用 RFID-RC522 模組來讀取 RFID 標籤卡號並將其編碼為**前進、後退、右轉、左轉**及**停止**等運行動作。

如圖 11-9 所示為 RFID 導航自走車的運行情形，黑色軌道只是說明 RFID 導航自走車運行情形，實際上並不存在。在圖中的導航軌道使用 3 張『**前進 Tag**』、4 張『**左轉 Tag**』及 1 張『**右轉 Tag**』等共 8 張 RFID 標籤所組成。**RFID 導航自走車並沒有實際的運行軌道，完全是由 RFID 標籤來控制**。因此 RFID 標籤放置的位置必須依實際車速及 RFID-RC522 模組的感應速度來調整位置，才能得到正確的運行軌道。

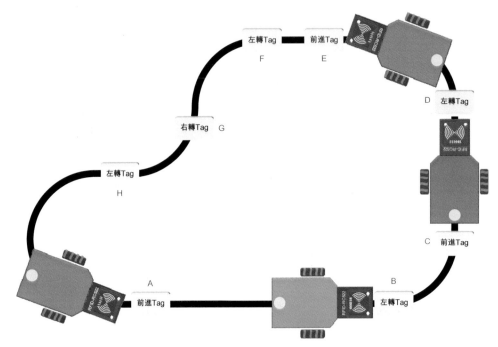

圖 11-9　RFID 導航自走車的運行情形

　　當自走車行進至位置 A 時，感應到『**前進 Tag**』，自走車前進運行。當自走車行進至位置 B 時，感應到『**左轉 Tag**』，自走車左轉運行。當自走車左轉行進至位置 C 時，感應到『**前進 Tag**』，自走車前進運行。當自走車行進至位置 D 時，感應到『**左轉 Tag**』，自走車左轉運行。當自走車左轉行進至位置 E 時，感應到『**前進 Tag**』，自走車前進運行。當自走車行進至位置 F 時，感應到『**左轉 Tag**』，自走車左轉運行。當自走車左轉行進至位置 G 時，感應到『**右轉 Tag**』，自走車右轉運行。當自走車右轉行進至位置 H 時，感應到『**左轉 Tag**』，自走車左轉運行。當自走車左轉行進至位置 A 時，感應到『**前進 Tag**』，自走車前進運行，因此自走車可以重覆運行在所設定的軌道上。如表 11-2 所示為 RFID 導航自走車運行的控制策略。

表 11-2　RFID 導航自走車運行的控制策略

RFID Tag	控制策略	左輪	右輪
前進 Tag	前進	反轉	正轉
後退 Tag	後退	正轉	反轉
右轉 Tag	右轉	反轉	停止
左轉 Tag	左轉	停止	正轉
停止 Tag	停止	停止	停止

11-5 讀取 RFID 標籤卡號

如圖 11-10 所示 RFID 讀卡機電路接線圖，包含 13.56MHz **高頻 RFID 模組**、**聲音模組**、**Arduino 控制板**等三個部份。

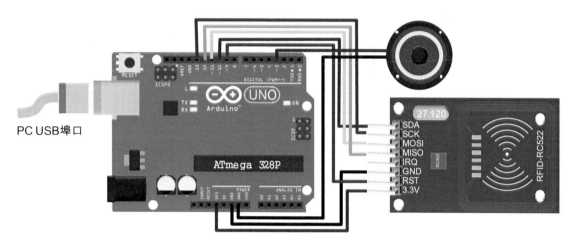

圖 11-10　RFID 讀卡機電路接線圖

13.56MHz 高頻 RFID 模組

Arduino 控制板使用數位腳 10~13 當做 SPI 介面的 SS、MOSI、MISO 及 SCK 等接腳，將其與 RFID 模組相對應的接腳連接。並由 Arduino 控制板的+5V 供電給 RFID 模組。

聲音模組

聲音模組使用**它激式蜂鳴器**，可以由 Arduino 控制板輸出不同頻率的交流訊號來控制蜂鳴器產生不同音調的聲音。將蜂鳴器的正端連接至 Arduino 控制板數位腳 3，蜂鳴器的負端連接至 Arduino 控制板 GND 腳。當讀取到 RFID 標籤卡號時，蜂鳴器會發出短嗶聲。

Arduino 控制板

Arduino 控制板為控制中心，控制 RFID 模組讀取 RFID 標籤卡號，並將其顯示於序列埠監控視窗中。

☐ **功能說明：**

使用 RFID 模組讀取 RFID 標籤卡號，並且將 RFID 標籤卡號，以十進制數值顯示於 Arduino IDE 的序列埠監控視窗中。

程式： ch11_1.ino

```cpp
#include <SPI.h>                          //使用 SPI.h 函式庫。
#include <RFID.h>                         //使用 RFID.h 函式庫。
const int speaker=3;                      //喇叭連接至 Arduino 控制板數位腳 3。
const int RST_PIN=9;                      //RFID 模組 RST 腳連接至數位腳 9。
const int SS_PIN=10;                      //RFID 模組 SDA 腳連接至數位腳 10。
RFID rfid(SS_PIN,RST_PIN);                //設定 RFID 模組的 RST、SDA 數位接腳。
//初值設定
void setup()
{
    Serial.begin(9600);                   //設定序列埠速率為 9600bps。
    SPI.begin();                          //初始化 SPI 通訊介面。
    rfid.init();                          //初始化 RFID 通訊介面。
}
//主迴圈
void loop()
{
    if(rfid.isCard())                     //感應到 RFID Tag?
    {
        if(rfid.readCardSerial())         //已讀到 RFID Tag 的 5 個序號?
        {
        Serial.print(rfid.serNum[0],DEC);    //顯示 Tag 卡號的第 1 個數。
        Serial.print(" ");
        Serial.print(rfid.serNum[1],DEC);    //顯示 Tag 卡號的第 2 個數。
        Serial.print(" ");
        Serial.print(rfid.serNum[2],DEC);    //顯示 Tag 卡號的第 3 個數。
        Serial.print(" ");
        Serial.print(rfid.serNum[3],DEC);    //顯示 Tag 卡號的第 4 個數。
        Serial.print(" ");
        Serial.print(rfid.serNum[4],DEC);    //顯示 Tag 卡號的第 5 個數。
        Serial.println("");
        tone(speaker,1000);               //產生 1kHz 單音 50 毫秒。
        delay(50);
        noTone(speaker);                  //關閉蜂鳴器輸出。
        }
        rfid.halt();                      //RFID 讀卡機進入待命狀態。
```

```
    delay(1000);                        //延遲1秒後再讀取RFID Tag。
  }
}
```

練習

1. 設計 Arduino 程式，使用 RFID 模組讀取 RFID 標籤卡號，並且將 RFID 標籤卡號，
   以十六進制數值顯示於 Arduino IDE 的序列埠監控視窗中。

2. 設計 Arduino 程式，使用 RFID 模組讀『捷運悠遊卡』的標籤卡號，並以十進制數
   值顯示於 Arduino IDE 的序列埠監控視窗中。

11-6 自造 RFID 導航自走車

如圖 11-11 所示 RFID 導航自走車電路接線圖，包含 **13.56MHz 高頻 RFID 模組**、
聲音模組、**Arduino 控制板**、**馬達驅動模組**、**馬達組件**及**電源電路**等六個部份。

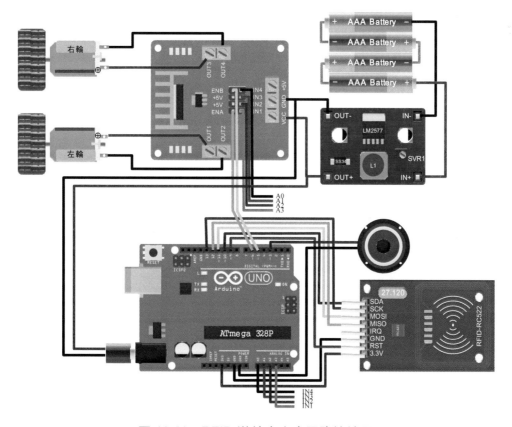

圖 11-11 RFID 導航自走車電路接線圖

13.56MHz 高頻 RFID 模組

Arduino 控制板使用數位腳 10~13 當做 SPI 介面的 SS、MOSI、MISO 及 SCK 等接腳，與 RFID 模組相對應的接腳互相連接，由 Arduino 控制板板的+5V 供電給 RFID 模組。

聲音模組

聲音模組使用它激式蜂鳴器，可以由 Arduino 控制板輸出不同頻率的交流訊號來控制蜂鳴器產生不同音調的聲音。將蜂鳴器的正端連接至 Arduino 控制板數位腳 3，蜂鳴器的負端連接至 Arduino 控制板 GND 腳。

Arduino 控制板

Arduino 控制板為控制中心，控制 RFID 模組讀取 RFID 標籤卡號，並依卡號所設定的自走車運行代碼，來驅動左、右兩組減速直流馬達，使自走車能夠正確運行在預先規畫的軌道上。

馬達驅動模組

馬達驅動模組使用 L298 驅動 IC 來控制兩組減速直流馬達，其中 IN1、IN2 輸入訊號控制左輪轉向，而 IN3、IN4 輸入訊號控制右輪轉向。另外，Arduino 控制板輸出兩組 PWM 訊號連接至 ENA 及 ENB，分別控制左輪及右輪的轉速。因為馬達有最小的啟動轉矩電壓，所輸出的 PWM 訊號平均值不可太小，以免無法驅動馬達轉動。PWM 訊號只能微調馬達轉速，如果需要較低的轉速，可以改用較大減速比的減速直流馬達。

馬達組件

馬達組件包含兩組 300rpm/min（測試條件：6V）的金屬減速直流馬達、兩個固定座、兩個 D 型接頭 43mm 橡皮車輪及一個萬向輪，橡皮材質輪子比塑膠材質磨擦力大而且控制容易。

電源電路

電源模組包含四個 1.5V 一次電池或四個 1.2V 充電電池及 DC-DC 升壓模組，調整 DC-DC 升壓模組中的 SVR1 可變電阻，使輸出升壓至 9V，再將其連接供電給 Arduino 控制板及馬達驅動模組。如果是使用兩個 3.7V 的 18650 鋰電池，可以不用再使用 DC-DC 升壓模組。每個容量 2000mAh 的 1.2V 鎳氫電池約 90 元，每個容量 3000mAh 的 18650 鋰電池約 250 元。

☐ **功能說明：**

　　使用 RFID 標籤來控制 RFID 導航自走車依順時針方向運行在如圖 11-12 所示軌道上。每次感應到 RFID 標籤時，蜂鳴器都會發出提示短嗶聲以提醒人員，自走車同時會變換行進方向。自走車的運行車速不可以太快，否則無法正確感應到 RFID 標籤。另外，RFID 標籤必須預放置於預先規畫的運行軌道上。

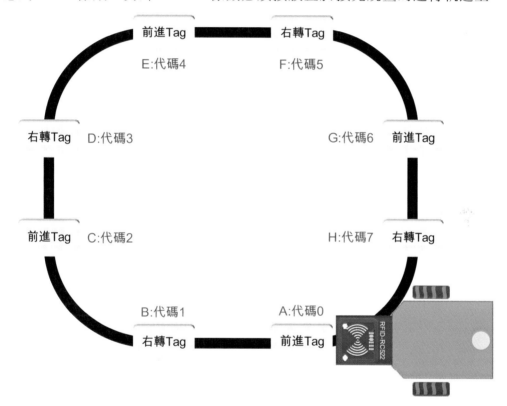

圖 11-12　RFID 導航自走車順時針運行軌道

💿 **程式：ch11_2.ino**

```
#include <SPI.h>                //使用 SoftwareSerial.h 函式庫。
#include <RFID.h>               //使用 RFID.h 函式庫。
const int speaker=3;            //蜂鳴器連接 Arduino 控制板數位腳 3。
const int RST_PIN=9;            //RFID 模組 RST 腳連接數位腳 9。
const int SS_PIN=10;            //RFID 模組 SDA 腳連接數位腳 10。
boolean exact=true;             //RFID 序號判斷位元。
```

```
int serNum[5];                        //所讀取的 RFID Tag 序號儲存位置。
int temp[5];                          //所讀取的 RFID Tag 序號儲存位置。
int cardNo=-1;                        //RFID Tag 代碼。
const int count=8;                    //使用 8 張 RFID Tag。
const int tagLen=5;                   //每張 RFID Tag 有五位數卡號。
int card[count][tagLen]=
      {  {148,174,192, 14,244},       //前進 Tag, cardNo=0。
         { 90,115,236,164, 97},       //右轉 Tag, cardNo=1。
         {194, 31,236,164,149},       //前進 Tag, cardNo=2。
         {160,230,233,132, 43},       //右轉 Tag, cardNo=3。
         {140,174,234,132, 76},       //前進 Tag, cardNo=4。
         {121,234,233,132,254},       //右轉 Tag, cardNo=5。
         {150,112,233,132,139},       //前進 Tag, cardNo=6。
         { 93, 47,234,132, 28}        //右轉 Tag, cardNo=7。
      };
RFID rfid(SS_PIN,RST_PIN);            //設定 RFID 模組 SDA、RST 的數位腳。
const int negR=A0;                    //右輪負極連接 Arduino 控制板 A0 腳。
const int posR=A1;                    //右輪正極連接 Arduino 控制板 A1 腳。
const int negL=A2;                    //左輪負極連接 Arduino 控制板 A2 腳。
const int posL=A3;                    //左輪正極連接 Arduino 控制板 A3 腳。
const int pwmR=5;                     //右輪轉速控制腳。
const int pwmL=6;                     //左輪轉速控制腳。
const int Rspeed=125;                 //右輪轉速。
const int Lspeed=130;                 //左輪轉速。
int i,j;                              //整數變數。
void compTag(void);                   //RFID Tag 序號比對函式。
//初值設定
void setup()
{
   Serial.begin(9600);               //序列埠速率為 9600bps。
   SPI.begin();                      //初始化 SPI 介面。
   rfid.init();                      //初始化 RFID 介面。
   pinMode(posR,OUTPUT);             //設定 A0 腳為輸出腳。
   pinMode(negR,OUTPUT);             //設定 A1 腳為輸出腳。
   pinMode(posL,OUTPUT);             //設定 A2 腳為輸出腳。
   pinMode(negL,OUTPUT);             //設定 A3 腳為輸出腳。
}
```

```
//主迴圈
void loop()
{
    if(rfid.isCard())                      //已感應到RFID Tag?
    {
        if(rfid.readCardSerial())          //讀取RFID Tag卡號。
        {
            Serial.print(rfid.serNum[0],DEC);    //顯示Tag卡號的第1個數。
            Serial.print(" ");
            Serial.print(rfid.serNum[1],DEC);    //顯示Tag卡號的第2個數。
            Serial.print(" ");
            Serial.print(rfid.serNum[2],DEC);    //顯示Tag卡號的第3個數。
            Serial.print(" ");
            Serial.print(rfid.serNum[3],DEC);    //顯示Tag卡號的第4個數。
            Serial.print(" ");
            Serial.print(rfid.serNum[4],DEC);    //顯示Tag卡號的第5個數。
            Serial.println("");
            tone(speaker,1000);            //產生提示嗶聲。
            delay(50);
            noTone(speaker);
            for(i=0;i<5;i++)               //儲存卡號在temp中。
                temp[i]=rfid.serNum[i];
        }
        rfid.halt();                       //RFID模組進入待機狀態1秒。
        delay(1000);
        compTag();                         //比對所讀取卡號的運行動作。
        Serial.print("cardNo=");           //顯示卡號代碼。
        Serial.println(cardNo);
        if(cardNo==0)                      //卡號代碼=0?
            forward(Rspeed,Lspeed);        //車子前進。
        else if(cardNo==1)                 //卡號代碼=1?
            right(Rspeed,Lspeed);          //車子右轉。
        else if(cardNo==2)                 //卡號代碼=2?
            forward(Rspeed,Lspeed);        //車子前進。
        else if(cardNo==3)                 //卡號代碼=3?
            right(Rspeed,Lspeed);          //車子右轉。
        else if(cardNo==4)                 //卡號代碼=4?
```

```
        forward(Rspeed,Lspeed);        //車子前進。
      else if(cardNo==5)               //卡號代碼=5?
        right(Rspeed,Lspeed);          //車子右轉。
      else if(cardNo==6)               //卡號代碼=6?
        forward(Rspeed,Lspeed);        //車子前進。
      else if(cardNo==7)               //卡號代碼=7?
        right(Rspeed,Lspeed);          //車子右轉。
      else                             //無法識別的卡號代碼。
        pause(0,0);                    //車子停止。
    }
}
//比對RFID卡號
void compTag(void)
{
    cardNo=-1;                         //清除卡號代碼。
    for(i=0;i<count;i++)               //比對所有卡號。
    {
      exact=true;                      //預設exact=true，代表卡號正確。
      for(j=0;j<tagLen;j++)            //與內建RFID卡號比對。
      {
        if(rfid.serNum[j]!=card[i][j]) //卡號不同?
          exact=false;                 //設定exact=false。
      }
      if(exact==true)                  //若卡號正確則儲存卡號代碼。
      {
        cardNo=i;
      }
    }
}
//前進函式
void forward(byte RmotorSpeed, byte LmotorSpeed)
{
    analogWrite(pwmR,RmotorSpeed);     //設定右輪轉速。
    analogWrite(pwmL,LmotorSpeed);     //設定左輪轉速。
    digitalWrite(posR,HIGH);           //右輪正轉。
    digitalWrite(negR,LOW);
    digitalWrite(posL,LOW);            //左轉反轉。
```

```
    digitalWrite(negL,HIGH);
}
```

//後退函式

```
void back(byte RmotorSpeed, byte LmotorSpeed)
{
    analogWrite(pwmR,RmotorSpeed);      //設定右輪轉速。
    analogWrite(pwmL,LmotorSpeed);      //設定左輪轉速。
    digitalWrite(posR,LOW);             //右輪反轉。
    digitalWrite(negR,HIGH);
    digitalWrite(posL,HIGH);            //左輪正轉。
    digitalWrite(negL,LOW);
}
```

//停止函式

```
void pause(byte RmotorSpeed, byte LmotorSpeed)
{
    analogWrite(pwmR,RmotorSpeed);      //設定右輪轉速。
    analogWrite(pwmL,LmotorSpeed);      //設定左輪轉速。
    digitalWrite(posR,LOW);             //右輪停止。
    digitalWrite(negR,LOW);
    digitalWrite(posL,LOW);             //左輪停止。
    digitalWrite(negL,LOW);
}
```

//右轉函式

```
void right(byte RmotorSpeed, byte LmotorSpeed)
{
    analogWrite(pwmR,RmotorSpeed);      //設定右輪轉速。
    analogWrite(pwmL,LmotorSpeed);      //設定左輪轉速。
    digitalWrite(posR,LOW);             //右輪停止。
    digitalWrite(negR,LOW);
    digitalWrite(posL,LOW);             //左輪反轉。
    digitalWrite(negL,HIGH);
}
```

//左轉函式

```
void left(byte RmotorSpeed, byte LmotorSpeed)
{
    analogWrite(pwmR,RmotorSpeed);      //設定右輪轉速。
    analogWrite(pwmL,LmotorSpeed);      //設定左輪轉速。
```

```
    digitalWrite(posR,HIGH);              //右輪正轉。
    digitalWrite(negR,LOW);
    digitalWrite(posL,LOW);               //左輪停止。
    digitalWrite(negL,LOW);
}
```

練習

1. 設計 Arduino 程式，使用 RFID 標籤 Tag 來控制 RFID 導航自走車逆時針運行如圖
   11-13 所示軌道。每次感應到 RFID Tag 時，蜂鳴器都會發出短嗶聲。

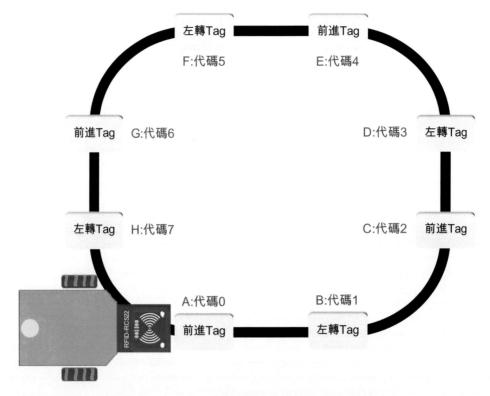

圖 11-13　RFID 導航自走車逆時針運行軌道

2. 設計 Arduino 程式，使用 RFID 標籤來控制 RFID 導航自走車運行方向。當 RFID-RC522
   模組感應到『前進 Tag』時，車子前進。當 RFID-RC522 模組感應到『後退 Tag』時，
   車子後退。當 RFID-RC522 模組感應到『右轉 Tag』時，車子右轉。當 RFID-RC522
   模組感應到『左轉 Tag』時，車子左轉。當 RFID-RC522 模組感應到『停止 Tag』時，
   車子停止。每次感應到 RFID 標籤時，蜂鳴器都會發出短嗶聲。

何謂 NFC

近距離無線通訊（Near Field Communication，簡記 NFC）是一種短距離的高頻無線通訊技術，允許電子裝置之間在 20 公分的範圍內，進行非接觸式點對點的資料傳輸。

NFC 是由 Philips 和 Sony 聯合開發的一種無線連結技術，整合 RFID 及互連等技術，主要應用於數位消費性電子產品如手機、手錶、PDA、數位相機、遊戲機、電腦以及金融、交通等。NFC 可使藍芽、無線 USB 和 Wi-Fi 網路等設備之間的連結變得極為簡單。雖然 NFC 在傳輸速度與距離均比不上藍牙，但比藍牙干擾小，極適合裝置密集的場所。

何謂 SPI

串列周邊介面（Serial Peripheral Interface bus，簡記 SPI）是一種短距離、快速的四線同步序列通訊介面，包含串列時脈（SCLK）、主出從入（MOSI）、主入從出（MISO）和從選擇（SS）等四線。

SPI 使用主（Master）/ 從（Slave）結構進行通訊，如圖 11-14(a)所示為一對一主/從結構，由主設備（通常是微控制器）產生同步時脈，將從選擇線電位拉低，即可透過 MOSI 及 MISO 與從設備進行數據資料的傳輸。如圖 11-14(b)所示為一對多主/從結構，當主設備要與多個從設備進行通訊時，由主設備（通常是微控制器）產生同步時脈，再將要進行通訊的從設備選擇線電位拉低，即可透過 MOSI 及 MISO 與從設備進行數據資料的傳輸。因為是點對點資料傳輸，所以每次只致能 SS1、SS2、SS3 其中之一個從設備。

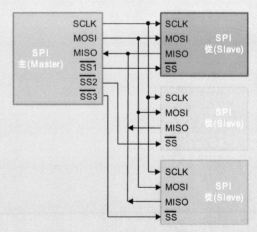

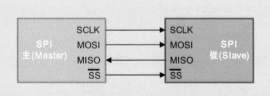

(a) 一對一主(Master)/從(Slave)結構　　(b) 一對多主(Master)/從(Slave)結構

圖 11-14　SPI 主/從結構

NOTE

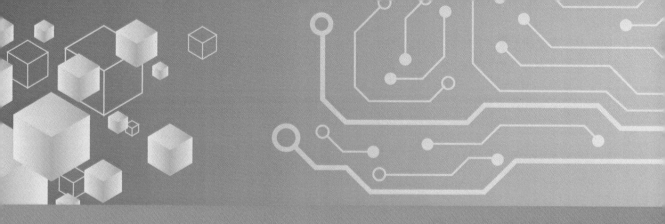

CHAPTER

Wi-Fi 遙控
自走車實習

12

12-1 認識電腦網路

所謂電腦網路（computer network）是指電腦與電腦之間利用纜線連結，以達到**資料傳輸**及**資源共享**的目的。依網路連結的方式可以分為**有線電腦網路**及**無線電腦網路**，有線電腦網路使用雙絞線、同軸線或光纖等媒介連結，無線電腦網路則使用無線電波、紅外線、雷射或衛星等媒介連結。依網路連結的規模大小可以分為**區域網路**（Local Area Network，簡記 LAN）及**廣域網路**（Wide Area Network，簡記 WAN），現今所使用的網際網路（Internet）即是 WAN 的一種應用。

12-1-1 區域網路（LAN）

如圖 12-1 所示區域網路，使用**寬頻分享器**或**集線器**（Hub）將家庭或公司的內部裝置（device）連結起來，再由寬頻分享器或集線器自動為網內的每部電腦配置一個私用（private）的 IP（Internet Protocol）位址。IP 位址是以四個位元組（32 位元）來表示，在 IP 位址中的每個位元組數字都是介於 0 到 255 之間，例如 192.168.0.100，這種 IP 位址表示方法稱為網路通訊協定第 4 版（Internet Protocol Version 4，簡記 IPv4）。**私用 IP 位址如同電話分機號碼**，隨時可以更改，但無法直接連上網際網路。

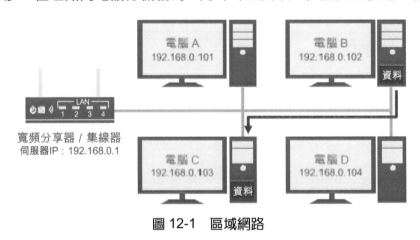

圖 12-1　區域網路

寬頻分享器預設使用等級 C（Class C）的私用 IP 位址 192.168.x.x，其中 192.168.0.1 或 192.168.1.1 是最常用的伺服器私用 IP 位址。在 IP 位址的四組數字當中，保留最後一個數字為 0 給該網路的主機，最後一個數字為 255 則用來作為廣播，以發出訊息給網路上的所有電腦。以 192.168.0.x 的網路為例，其中 192.168.0.0 代表**網路本身**，而 192.168.0.255 則代表**網路上的所有電腦**，這兩個位址無法指定給網路設備使用，因此實際上可以使用的網路主機數量只有 254 個。我們可以在 Internet Explorer/Google Chrome/Firefox 等網頁瀏覽器中，輸入伺服器 IP 位址來開啟**網路設定頁面**。設定完成後，區域網路內的電腦就可以相互傳送資料以達資源共享的目的。

12-1-2 廣域網路（WAN）

如圖 12-2 所示廣域網路，是由全世界各地的 LAN 互相連接而成，WAN 必須向網際網路服務商（Internet Service Provider，簡記 ISP）租用長距離纜線，再由 ISP 服務商配置一個**固定 IP 位址**或**浮動 IP 位址**，使用者才能連線上網際網路。固定 IP 位址或浮動 IP 位址又稱為**全球 (global) IP 位址**或**公用 IP 位址**，是由網際網路名稱和編號分配公司（The Internet Corporation for Assigned Names and Numbers，簡記 ICANN）所負責管理，每個公用 IP 位址必須是**獨一無二**的，不能自行設定。**公用 IP 位址如同家用電話號碼**，每個家用電話號碼都是唯一的。傳送者依據接收者的公用 IP 位址，將資料傳送到唯一目的地的公用 IP 位址，以完成連線通訊。

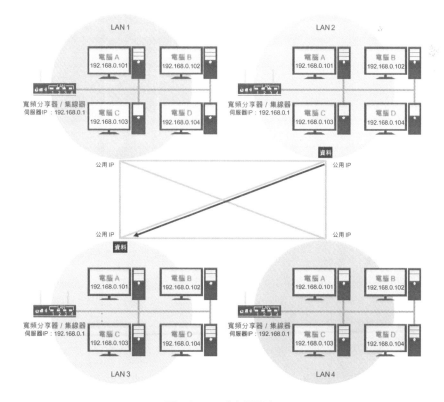

圖 12-2　廣域網路

何謂 IP

常見的 IP 位址可以分為 IPv4 及 IPv6 兩大類，其中 IPv4 是由四個 8 位元所組成的 32 位元二進位陣列，彼此間再以點符號 "." 做為區隔，表示成 xxxxxxxx.xxxxxxxx.xxxxxxxx.xxxxxxxx 形式，其中 x 代表 0 或 1 的 1 位元二進位數。由於二進位表示法太過冗長而且不容易記憶，所以改用十進位表示法表示成 nnn.nnn.nnn.nnn 形式，其中 nnn 代表介於 000~255 之間的十進位數值。

如表 12-1 所示為 IPv4 位址的分類及規模，可分為 A、B、C、D、E 五大類。其中 A 類是政府、研究機構及大型企業使用，B 類是中型企業使用，C 類是 ISP 服務商及小型企業使用，D 類是多點廣播（Multicast）用途，而 E 類則保留作為研究用途。

表 12-1　IPv4 位址的分類及規模

等級	第 1 個二進位數	第 2 個二進位數	第 3 個二進位數	第 4 個二進位數
	網路位址	主機位址		
A	0xxxxxxx	xxxxxxxx	xxxxxxxx	xxxxxxxx
B	10xxxxxx	xxxxxxxx	xxxxxxxx	xxxxxxxx
C	110xxxxx	xxxxxxxx	xxxxxxxx	xxxxxxxx
D	1110xxxx	xxxxxxxx	xxxxxxxx	xxxxxxxx
E	1111xxxx	xxxxxxxx	xxxxxxxx	xxxxxxxx

在表 12-1 中的 IPv4 位址包含**網路位址**及**主機位址**，其中網路位址是用來識別所屬網路，而主機位址則用來識別該網路中的設備。

等級 A 的網路數量有 2^7=128 個，主機數量有 $2^{24}-2$=16,777,214 個。等級 B 的網路數量有 2^{14}=16,384 個，主機數量有 $2^{16}-2$=65,534 個。等級 C 的網路數量有 2^{21}=2,097,152 個，主機數量有 2^8-2=254。主機數量減 2 是因為最後一個數字為 0 代表網路本身，而最後一個數字為 255 則作為廣播用途。

雖然 IPv4 可以使用的 IP 位址約有 42 億（2^{32}）個，看似不會用盡。但是因為很多區域的編碼實際上是被空出保留或不能使用，而且隨著網際網路的普及，已經使用了大量的 IPv4 位址資源，IPv4 位址會有被用盡的問題，最新版本的 IPv6 技術可以用來克服此一問題。

IPv6 是由八個 16 位元所組成的 128 位元二進位陣列，彼此間再以冒號 ":" 做為區隔，以十六進位表示法表示成 hhhh:hhhh:hhhh:hhhh:hhhh:hhhh:hhhh:hhhh 形式，其中 hhhh 代表介於 0000~FFFF 之間的十六進位數值。IPv6 可以使用的 IP 位址有 $2^{128}\cong3.4\times10^{38}$ 個，遠大於 IPv4 可以使用的數量範圍。雖然 IPv4 與 IPv6 只是版本上的差異，但實際上是完全不同的協定，兩者不能互通。

12-1-3 無線區域網路（WLAN）

所謂無線區域網路（Wireless Local Area Network，簡記 WLAN）是指由無線基地台（Access Point，簡記 AP）連結電信服務商的數據機（modem）發射無線電波訊號，再由使用者電腦所裝設的無線網卡來接收訊號。因應無線區域網路的需求，美國電子電機工程師協會（IEEE）制定**無線區域網路的通訊標準 IEEE802.11**，以這個標準為基礎的無線區域網路稱為 Wi-Fi，使用如圖 12-3 所示 Wi-Fi 的標誌及符號。Wi-Fi 只是 Wi-Fi 聯盟製造商的品牌認證商標，而不是任何英文字的縮寫。現今 Wi-Fi 已經普遍的應用在個人電腦、筆記型電腦、智慧型手機、遊戲機、MP3 播放器，以及印表機等週邊裝置。

(a) Wi-Fi 標誌

(b) 符號

圖 12-3　Wi-Fi 的標誌及符號

如表 12-2 所示為 IEEE802.11 通訊標準分類，第一代 IEEE802.11b 標準使用 2.4GHz 頻段，與無線電話、藍牙等許多不需使用許可證的無線設備共享同一個頻段，最大速率 11Mbps。

表 12-2　IEEE802.11 通訊標準分類

協定	發行年份	頻段	最大速率	最大頻寬	室內/室外範圍
802.11b	1999	2.4GHz	11Mbps	20MHz	30m/100m
802.11a	1999	5GHz	54 Mbps	20MHz	30m/45m
802.11g	2003	2.4GHz	54 Mbps	20MHz	30m/100m
802.11n	2009	2.4GHz / 5GHz	600Mbps	40MHz	70m/250m
802.11ac	2011	5GHz	1Gbps	160MHz	35m/

因為 2.4GHz 頻段已經被到處使用，周邊設備之間的通訊很容易互相干擾，因此才會有第二代 IEEE802.11a 標準的出現。IEEE802.11a 標準使用 5GHz 頻段，最大速率提升到 54Mbps，但是傳輸距離遠不及 802.11b 標準。第三代 IEEE802.11g 標準是

IEEE802.11b 標準的改良版,提升傳輸速率到 54 Mbps,為現今多數 Wi-Fi 設備所使用的標準。

IEEE 802.11 b/a/g 等標準都只能支援單一收發(Single-input Single-output,SISO)模式,因此只使用單一天線。**第四代 802.11n 標準可以同時支援四組收發模式**,使用四支天線,理論上最大傳輸速率提升四倍,大大增加了資料的傳輸量。第五代 802.11ac 標準採用更高 5GHz 頻段,可以同時支援八組收發模式,理論上最大傳輸速率可以提升八倍,因此提供更快的傳輸速率和更穩定的訊號品質。

12-2 認識 Ethernet 模組

如圖 12-4 所示 Ethernet 模組,以 W5100 晶片為核心,支援 mini SD 卡的讀寫,可以用來儲存網頁和資料,使用 **RJ-45 乙太網路電纜線**與寬頻分享器/集線器來連接上網。使用 Arduino Ethernet 官方所提供的程式庫,可以實現一個簡單的 Web 伺服器,通過網路來讀寫 Arduino 的數位及類比介面,以達網路遠端控制的應用目的。

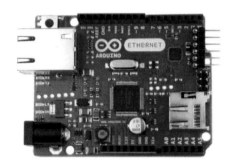
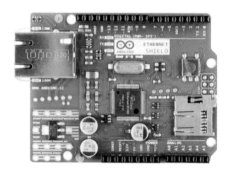

(a) Arduino Ethernet 模組   (b) Ethernet 擴充板

圖 12-4　Ethernet 模組

圖 12-4(a)所示為 Arduino Ethernet 模組,除了具備 Arduino UNO 板的所有功能之外,另外增加了 Ethernet 網路功能。圖 12-4(b)為 Ethernet 擴充板,只具有 Ethernet 網路功能,必須將 Ethernet 擴充板連接到 Arduino UNO 控制板上才能使用。

Ethernet 模組所使用的 W5100 晶片本身約消耗 150mA,工作電壓 5V,連線速度 10M/100Mbps,**以 SPI 介面與 Arduino 控制板建立連線通訊,因此數位腳 10~13 必須空下來不能使用**。Ethernet 模組支援 mini SD 卡的讀寫,可用來儲存網頁和資料,使用數位腳 4 當做 mini SD 卡的**選擇線**,因此數位腳 4 不能再作其它用途。

12-3   自造 Ethernet 網路家電控制電路

如圖 12-5 所示 Ethernet 網路家電控制電路接線圖，包含 Ethernet **網路擴充板、** **LED 電路、Arduino 控制板、麵包板原型擴充板**及**電源電路**等五個部份。

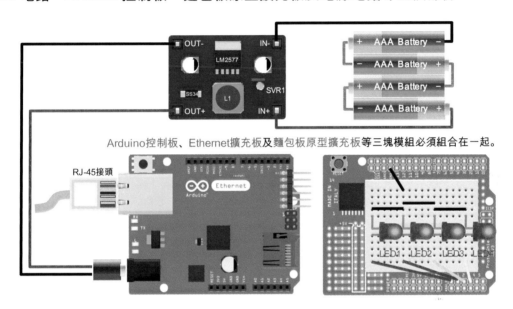

圖 12-5   Ethernet 網路家電控制電路接線圖

Ethernet 網路擴充板

將 Ethernet 擴充板與 Arduino 控制板先行組合，由 Arduino 控制板的+5V 供電給 Ethernet 擴充板。使用 RJ45 乙太網路電纜線連接 Ethernet 擴充板與寬頻分享器， Ethernet 擴充板使用 SPI 介面與 Arduino 控制板進行通訊，因此 Arduino 控制板的數 位腳 10~13 不可再當做其它用途使用。

LED 電路

Arduino 控制板與麵包板原型擴充板先行組合，將四個 LED 插入麵包板中，並 且將所有 LED 的陰極接腳連接至 Arduino 板的 GND 腳。LED1~LED4 等四個 LED 分別連接至 Arduino 控制板的數位腳 14~17（使用類比腳 A0~A3）。再由數位腳 14~17 來控制 LED 亮與暗。

如果要實際控制家電，必須使用如圖 12-6 所示繼電器電路來控制家電電源。如 圖 12-6(a)所示繼電器（Relay），輸入直流電壓必須使用 5V 規格，才能配合 Arduino 數位腳的輸出準位，Relay 的輸出交流電壓必須使用 110V 規格，才能配合 AC110V

家電設備。另外，Relay 的額定電流必須大於家電設備的額定電流，Relay 才不會因過載而燒毀。如圖 12-6(b)所示繼電器電路圖，由 Arduino UNO 數位腳來控制 Q1、Q2 達靈頓（darlington）電路。當數位腳輸出 HIGH 電位，將使 LED 亮且 Q1、Q2 導通，繼電器線圈激磁，致使內部開關由常閉點（normal close，簡記 NC）切換至常開點（normal open，簡記 NO），由 AC110V 交流電源供電給負載。當數位腳輸出 LOW 電位則 LED 不亮且負載斷電。1N4001 矽質二極體是用來保護 Q1、Q2 電晶體。

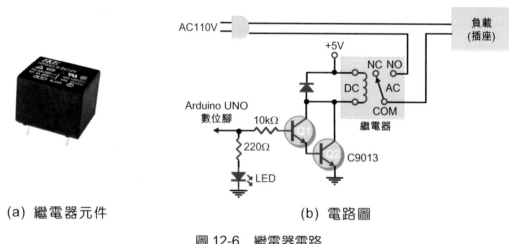

(a) 繼電器元件　　　　　　　　　　　(b) 電路圖

圖 12-6　繼電器電路

如圖 12-7 所示為 4 Relay 繼電器模組，內部包含四組圖 12-6 所示繼電器電路，繼電器模組輸入端與 Arduino 數位腳連接，輸出端則連接家電負載。經由 Arduino 控制板的數位腳來控制負載電源。每個 4 Relay 繼電器模組約 180 元。

圖 12-7　4 Realy 繼電器模組

Arduino 控制板

Arduino 控制板為控制中心，檢測 Ethernet 擴充板所接收到的數據資料，來控制 LED1、LED2、LED3、LED4 等四個 LED 的亮/暗。當 Arduino 控制板數位腳輸出

HIGH 電位則 LED 亮，反之當 Arduino 控制板數位腳輸出 LOW 電位則 LED 暗。

電源電路

電源模組包含四個 1.5V 一次電池或四個 1.2V 充電電池及 DC-DC 升壓模組，調整 DC-DC 升壓模組中的 SVR1 可變電阻，使輸出升壓至 9V，再將其連接供電給 Arduino 控制板及馬達驅動模組。如果是使用兩個 3.7V 的 18650 鋰電池，可以不用再使用 DC-DC 升壓模組，每個容量 3000mAh 的 18650 鋰電池約 250 元。

☐ **功能說明：**

使用 Ethernet 網路遠端控制四組家電的開啟（ON）與關閉（OFF）。輸入私用 IP 位址（本例為 192.168.0.170）開啟如圖 12-8 所示用戶端控制網頁。

本例使用 LED0~LED3 等四個 LED 來代替『客廳燈』、『玄關燈』、『臥房燈』、『書房燈』等四個燈。按下『客廳燈』的 開啟ON 鈕，可以點亮 LED0，按下『客廳燈』的 關閉OFF 鈕，可以關閉 LED0。按下『玄關燈』的 開啟ON 鈕，可以點亮 LED1，按下『玄關燈』的 關閉OFF 鈕，可以關閉 LED1。按下『臥房燈』的 開啟ON 鈕，可以點亮 LED2，按下『臥房燈』的 關閉OFF 鈕，可以關閉 LED2。按下『書房燈』的 開啟ON 鈕，可以點亮 LED3，按下『書房燈』的 關閉OFF 鈕，可以關閉 LED3。

圖 12-8　用戶端控制網頁

　　本例使用 HTTP（HyperText Transfer Potocol）通訊協定，利用 GET 方法直接將要傳送的資料加在所連結網址 URL 的後面傳送出去。如表 12-3 所示為用戶端按下不同按鈕時所提交的 URL 內容。

表 12-3　用戶端提交的 URL 內容

按鈕	URL 內容	按鈕	URL 內容
客廳燈 ON	192.168.0.170/?L=0	臥房燈 ON	192.168.0.170/?L=4
客廳燈 OFF	192.168.0.170/?L=1	臥房燈 OFF	192.168.0.170/?L=5
玄關燈 ON	192.168.0.170/?L=2	書房燈 ON	192.168.0.170/?L=6
玄關燈 OFF	192.168.0.170/?L=3	書房燈 OFF	192.168.0.170/?L=7

程式：ch12-1.ino

```
#include <SPI.h>                                    //使用 SPI 函式庫。
#include <Ethernet.h>                               //使用 Ethernet 函式庫。
byte mac[]={0xDE,0xAD,0xBE,0xEF,0xFE,0xED};         //網卡 MAC 位址。
IPAddress ip(192,168,0,170);                        //輸入您的私用 IP 位址。
IPAddress gateway(192,168,0,1);                     //輸入您的伺服器 IP 位址。
IPAddress subnet(255,255,255,0);                    //子網路遮罩。
EthernetServer server(80);                          //設定伺服器通訊埠為 80。
String readString = String(50);                     //定義長度為 50 個字元的字串。
const int led0=14;                                  //Arduino 板數位腳 14 連接 led0。
const int led1=15;                                  //Arduino 板數位腳 15 連接 led1。
const int led2=16;                                  //Arduino 板數位腳 16 連接 led2。
const int led3=17;                                  //Arduino 板數位腳 17 連接 led3。
//初值設定
void setup()
{
    pinMode(led0,OUTPUT);                           //設定 Arduino 板數位腳 14 為輸出埠。
    pinMode(led1,OUTPUT);                           //設定 Arduino 板數位腳 15 為輸出埠。
    pinMode(led2,OUTPUT);                           //設定 Arduino 板數位腳 16 為輸出埠。
    pinMode(led3,OUTPUT);                           //設定 Arduino 板數位腳 17 為輸出埠。
    digitalWrite(led0,LOW);                         //關閉 led0。
    digitalWrite(led1,LOW);                         //關閉 led1。
    digitalWrite(led2,LOW);                         //關閉 led2。
    digitalWrite(led3,LOW);                         //關閉 led3。
```

```
    Ethernet.begin(mac,ip);                //開啟與 DHCP 的網路連結。
    server.begin();                        //開啟伺服器。
}
//主迴圈
void loop()
{
    EthernetClient client = server.available();//監聽用戶端的連線請求。
    if (client)                                    //用戶端是否有連線請求?
    {
        client.print("<html>");                    //html 網頁。
        client.print("<head>");
        client.print("<meta http-equiv=content-type content=text/html;charset=UTF-8>");
        client.print("<style>");                   //設定網頁格式。
        client.print("body,input{font-family: verdana,Times New Roman,微軟正黑體,新細明體;}");
        client.print("p{text-align:center;font-size:60px;}");
        client.print("table{text-align:center;border-collapse:collapse}");
        client.print("th,td,input{align:center;margin:2px;padding:10px;font-size:40px}");
        client.print("th{color:white;}");
        client.print("</style>");
        client.print("</head>");
        client.print("<body>");
        client.print("<p>Ethernet 網路遙控家電</p>");
        client.print("<table border=1 align=center width=75% height=50%>");
        client.print("<tr>");                          //換列顯示。
        //客廳燈控制
        client.print("<th colspan=2 bgcolor=red>客廳燈</th>");
        client.print("</tr>");
        client.print("<tr>");                          //換列顯示。
        client.print("<td>");
        client.print("<form method=get>");     //使用 GET 方法傳送表單。
        client.print("<input type=hidden name=L value=0>");
        client.print("<input type=submit value=開啟 ON>");
        client.print("</form>");
        client.print("</td>");
        client.print("<td>");
        client.print("<form method=get>");
        client.print("<input type=hidden name=L value=1>");
```

```
client.print("<input type=submit value=關閉OFF>");
client.print("</form>");
client.print("</td>");
client.print("</tr>");
client.print("<tr>");                      //換列顯示。
```

//玄關燈控制

```
client.print("<th colspan=2 bgcolor=orange>玄關燈</th>");
client.print("</tr>");
client.print("<tr>");
client.print("<td>");
client.print("<form method=get>");
client.print("<input type=hidden name=L value=2>");
client.print("<input type=submit value=開啟ON>");
client.print("</form>");
client.print("</td>");
client.print("<td>");
client.print("<form method=get>");
client.print("<input type=hidden name=L value=3>");
client.print("<input type=submit value=關閉OFF>");
client.print("</form>");
client.print("</td>");
client.print("</tr>");                      //換列顯示。
client.print("<tr>");
```

//臥房燈控制

```
client.print("<th colspan=2 bgcolor=brown>臥房燈</th>");
client.print("</tr>");
client.print("<tr>");                       //換列顯示。
client.print("<td>");
client.print("<form method=get>");
client.print("<input type=hidden name=L value=4>");
client.print("<input type=submit value=開啟ON>");
client.print("</form>");
client.print("</td>");
client.print("<td>");
client.print("<form method=get>");
client.print("<input type=hidden name=L value=5>");
client.print("<input type=submit value=關閉OFF>");
```

```
client.print("</form>");
client.print("</td>");
client.print("</tr>");
client.print("<tr>");                        //換列顯示。
//書房燈控制
client.print("<th colspan=2 bgcolor=green>書房燈</th>");
client.print("</tr>");
client.print("<tr>");
client.print("<td>");
client.print("<form method=get>");
client.print("<input type=hidden name=L value=6>");
client.print("<input type=submit value=開啟ON>");
client.print("</form>");
client.print("</td>");
client.print("<td>");
client.print("<form method=get>");
client.print("<input type=hidden name=L value=7>");
client.print("<input type=submit value=關閉OFF>");
client.print("</form>");
client.print("</td>");
client.print("</tr>");
client.print("</table>");
client.print("</body></html>");
while (client.connected())        //用戶端已連網伺服器?
{
    if(client.available())        //用戶端已發出請求?
    {
        char c = client.read();   //讀取用戶端請求。
        readString.concat(c);     //讀取GET /?x
        if (c == '\n')
        {
            if (readString.substring(8,9) == "0")
                        digitalWrite(led0,HIGH);
            else if (readString.substring(8,9) == "1")
                        digitalWrite(led0,LOW);
            else if (readString.substring(8,9) == "2")
                        digitalWrite(led1,HIGH);
```

```
        else if (readString.substring(8,9) == "3")
                        digitalWrite(led1,LOW);
        else if (readString.substring(8,9) == "4")
                        digitalWrite(led2,HIGH);
        else if (readString.substring(8,9) == "5")
                        digitalWrite(led2,LOW);
        else if (readString.substring(8,9) == "6")
                        digitalWrite(led3,HIGH);
        else if (readString.substring(8,9) == "7")
                        digitalWrite(led3,LOW);
        readString="";
        client.stop();
      }
    }
  }
}
```

12-4　認識 Wi-Fi 模組

　　如圖 12-9 所示 Wi-Fi 模組，圖 12-9(a)所示為 Arduino 官方所開發設計的 Wi-Fi 擴充板，圖 12-9(b)所示為 Linksprite 公司所開發設計的相容 Wi-Fi 擴充板。

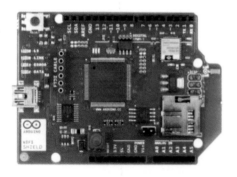 

(a) Arduino 官方 Wi-Fi 擴充板　　　　　(b) Linksprite 相容 Wi-Fi 擴充板

圖 12-9　Wi-Fi 模組

12-4-1 官方 Wi-Fi 擴充板

　　如圖 12-9(a)所示為 Arduino 官方 Wi-Fi 擴充板，相容於 Arduino Mega 板及 UNO

板。以 HDG204 晶片為核心，支援 mini SD 卡的讀寫，可以用來儲存網頁和資料。先將 Arduino 官方 Wi-Fi 擴充板連接到您的 Arduino UNO 板上，由 Arduino 控制板供電給 Wi-Fi 擴充板。再使用 Arduino **官方 WiFi 程式庫**透過無線網路協定 802.11b/g 與寬頻分享器或集線器連接上網，就可實現一個簡單的 Web 伺服器，通過網路讀寫 Arduino 板的數位和類比介面，以達網路遠端控制目的。

Arduino 官方 Wi-Fi 擴充板的工作頻段 2.4GHz，工作電壓 5V，加密類型使用 WEP/ WPA2，**以 SPI 介面與 Arduino 建立通訊，因此數位腳 10、11、12、13 必須空下來不能使用。**Wi-Fi 擴充板內建 mini SD 卡插槽，使用 Arduino 數位腳 4 當做 mini SD 卡的 SS 選擇線，不能再作為其它用途。

12-4-2 相容 Wi-Fi 擴充板

如圖 12-9(b)所示為 LinkSprite 相容 Wi-Fi 擴充板，相容於 Arduino Duemilanove 板及 UNO 板，以 Microchip 公司生產製造的 MRF24WB0MA 晶片為核心，內建 16Mbit 串列快閃記憶體 EEPROM，可以用來儲存網頁和資料。先將 LinkSprite 相容 Wi-Fi 擴充板連接到您的 Arduino UNO 板，由 Arduino 控制板供電給 Wi-Fi 擴充板。再使用 **WiShield 程式庫**透過無線網路協定 802.11b 與寬頻分享器或集線器連接上網，就可以實現一個簡單的 Web 伺服器，通過網路來讀寫 Arduino 板的數位和類比介面，以達網路遠端控制的目的。

Linksprite 相容 Wi-Fi 擴充板的工作頻段 2.4GHz，工作電壓 3.3V，250μA 低電流待機模式，傳輸電流 230mA，接收電流 85mA，最大通訊範圍 400 公尺。Linksprite 相容 Wi-Fi 擴充板的加密類型為 WEP/WPA/WPA2，**以 SPI 介面與 Arduino 建立通訊，最大傳輸速率 25Mbps，因此數位腳 10、11、12、13 必須空下來不能使用。**每個 Linksprite 相容 Wi-Fi 擴充板約 2000 元。

12-4-3 下載 WiShield 函式庫

本章使用 Linksprite 相容 Wi-Fi 擴充板，可進入圖 12-10 所示網址 https://github.com/linksprite/WiShield 下載函式庫。

進入該網頁後，按下網頁右下角的 鈕，下載壓縮檔 WiShield-master.ZIP。下載完成後，將其解壓縮並放置於 Arduino/libraries 目錄下。

本章將 WiShield-master 資料夾更名為 WiShield 資料夾，閱讀較為簡潔。

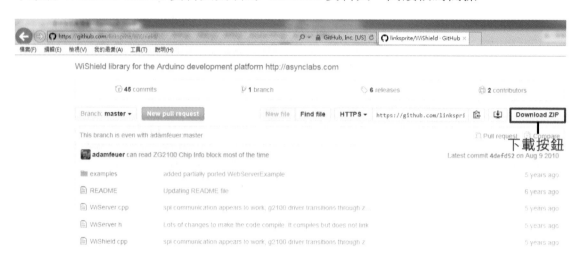

圖 12-10　下載 WiShield 函式庫頁面

12-5　認識 Wi-Fi 遙控自走車

所謂 Wi-Fi 遙控自走車是指以無線 Wi-Fi 連線上網，再透過用戶端控制網頁，來遙控自走車**前進**、**後退**、**右轉**、**左轉**及**停止**等運行動作。如表 12-4 所示為 Wi-Fi 遙控自走車運行的控制策略。

表 12-4　Wi-Fi 遙控自走車運行的控制策略

按鈕	控制策略	左輪	右輪
前進	前進	反轉	正轉
後退	後退	正轉	反轉
右轉	右轉	反轉	停止
左轉	左轉	停止	正轉
停止	停止	停止	停止

12-6　自造 Wi-Fi 遙控自走車

如圖 12-11 所示 Wi-Fi 遙控自走車電路接線圖，包含 Wi-Fi **擴充板**、Arduino **控制板**、**馬達驅動模組**、**馬達組件**及**電源電路**等五個部份。

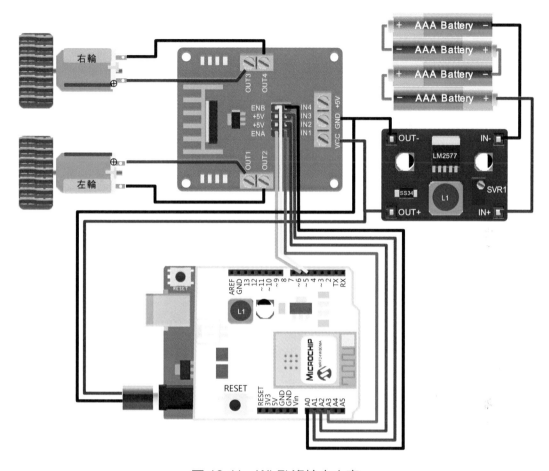

圖 12-11　Wi-Fi 遙控自走車

Wi-Fi 擴充板

　　將 Wi-Fi 擴充板與 Arduino 控制板先行組合，由 Arduino 控制板供應電源給 Wi-Fi 擴充板。Wi-Fi 擴充板使用 SPI 介面與 Arduino 控制板進行通訊，因此 Arduino 控制板的數位腳 10~13 不可再當做其它用途使用。

Arduino 控制板

　　Arduino 控制板為控制中心，檢測 Wi-Fi 擴充板所接收到用戶端所提交的命令請求，並且依命令請求內容，控制自走車前進、後退、右轉、左轉及停止等運行動作。

馬達驅動模組

　　馬達驅動模組使用 L298 驅動 IC 來控制兩組減速直流馬達，其中 IN1、IN2 輸入訊號控制左輪轉向，而 IN3、IN4 輸入訊號控制右輪轉向。另外，Arduino 控制板輸出兩組 PWM 訊號連接至 ENA 及 ENB，分別控制左輪及右輪的轉速。因為馬達有最小的啟動轉矩電壓，所輸出的 PWM 訊號平均值不可太小，以免無法驅動馬達轉動。PWM 訊號只能微調馬達轉速，如需較低的轉速，可改用較大減速比的減速直流馬達。

馬達組件

馬達組件包含兩組 300rpm/min（測試條件：6V）的金屬減速直流馬達、兩個固定座、兩個 D 型接頭 43mm 橡皮車輪及一個萬向輪，橡皮材質輪子比塑膠材質磨擦力大而且控制容易。

電源電路

電源模組包含四個 1.5V 一次電池或四個 1.2V 充電電池及 DC-DC 升壓模組，調整 DC-DC 升壓模組中的 SVR1 可變電阻，使輸出升壓至 9V，再將其連接供電給 Arduino 控制板及馬達驅動模組。如果是使用兩個 3.7V 的 18650 鋰電池，可以不用再使用 DC-DC 升壓模組，每個容量 3000mAh 的 18650 鋰電池約 250 元。

□ **功能說明：**

在 Internet Explorer/Google Chrome 瀏覽器中輸入 Wi-Fi 擴充板所使用的私用 IP 位址，本例為 http://192.168.0.170。開啟如圖 12-12 所示 Wi-Fi 遙控自走車控制介面。當按下 前進 鈕時，自走車**前進**運行。當按下 後退 鈕時，自走車**後退**運行。同理，當按下 右轉 鈕時，自走車**右轉**運行。當按下 左轉 鈕，自走車**左轉**運行。當按下 停止 鈕，自走車**停止**運行。

圖 12-12　Wi-Fi 遙控自走車用戶端控制網頁

在上傳程式到 Arduino 控制板之前，必須先設定 arduino 資料夾 libraries/WiShield/ 中的標頭檔案 apps-conf.h 內容，才能順利將程式碼上傳。開啟標頭檔案 apps-conf.h， 並且找到如下程式片段內容，將 define　APP_WISERVER 前面的註解符號 "//" 刪除， 並將其餘項目前面均加上註解符號 "//"。

檔案：apps-conf.h

內容：//**#define** APP_WEBSERVER
　　　//**#define** APP_WEBCLIENT
　　　//**#define** APP_SOCKAPP
　　　//**#define** APP_UDPAPP
　　　#define APP_WISERVER

程式：ch12-2.ino

#include <WiServer.h>	//使用 WiServer 函式庫。
#define WIRELESS_MODE_INFRA 1	//無線模式 infrastructure 代碼為 1。
#define WIRELESS_MODE_ADHOC 2	//無線模式 adhoc 代碼為 2。
const int negR=14;	//右輪馬達負極。
const int posR=15;	//右輪馬達正極。
const int negL=16;	//左輪馬達負極。
const int posL=17;	//左輪馬達正極。
const int pwmR=5;	//右輪轉速控制。
const int pwmL=6;	//左輪轉速控制。
const int Rspeed=200;	//右輪轉速初值。
const int Lspeed=200;	//左輪轉速初值。
unsigned char local_ip[]={192,168,0,170};	//Wi-Fi 擴充板 IP 位址。
unsigned char gateway_ip[]={192,168,0,1};	//伺服器 IP 位址。
unsigned char subnet_mask[]={255,255,255,0};	//子網路遮罩。

```
//輸入您的無線網路名稱
const prog_char ssid[] PROGMEM={"D-Link_DIR-809"};
unsigned char security_type = 2;        //0-open;1-WEP;2-WPA;3-WPA2。
//輸入您的無線網路密碼
const prog_char security_passphrase[] PROGMEM = {"1234567890"};
//WEP 加密：最大 128 位元。
prog_uchar wep_keys[] PROGMEM
={0x01,0x02,0x03,0x04,0x05,0x06,0x07,0x08,0x09,0x00,0x00,0x00,0x00,  //Key
0x00,0x00,0x00,0x00,0x00,0x00,0x00,0x00,0x00,0x00,0x00,0x00,0x00,    //Key1
0x00,0x00,0x00,0x00,0x00,0x00,0x00,0x00,0x00,0x00,0x00,0x00,0x00,    //Key2
```

```
0x00,0x00,0x00,0x00,0x00,0x00,0x00,0x00,0x00,0x00,0x00,0x00,0x00  };//Key3
//設定無線模式連接到AP(infrastructure)
unsigned char wireless_mode = WIRELESS_MODE_INFRA;
unsigned char ssid_len;                          //ssid 長度。
unsigned char security_passphrase_len;           //WPA/WPA2 加密長度。
boolean sendPage();                              //自走車運行方向判斷。
boolean mainPage();                              //伺服網頁。
//初值設定
void setup()
{
    pinMode(posR,OUTPUT);                        //設定數位腳 14 為輸出腳。
    pinMode(negR,OUTPUT);                        //設定數位腳 15 為輸出腳。
    pinMode(posL,OUTPUT);                        //設定數位腳 16 為輸出腳。
    pinMode(negL,OUTPUT);                        //設定數位腳 17 為輸出腳。
    pinMode(pwmR,OUTPUT);                        //設定數位腳 5 為輸出腳。
    pinMode(pwmL,OUTPUT);                        //設定數位腳 6 為輸出腳。
    Serial.begin(9600);
    WiServer.init(sendPage);                     //使用 sendPage 函式為伺服網頁。
    WiServer.enableVerboseMode(true);            //致能。
}
//主迴圈
void loop()
{
    WiServer.server_task();                      //執行 WiServer。
    delay(1);                                    //延遲 1ms。
}
//自走車運行控制函式
boolean sendPage(char* URL)
{
    if (strcmp(URL, "/") == 0)                   //請求網址 URL 含"/"字串?
    {
        mainPage();                              //執行 mainPage() 函式。
        return true;
    }
    else
    {
        if ((URL[1] == '?') && (URL[2] == 'X') && (URL[3] == '='))
```

```
    {
        switch(URL[4])
        {
            case 'F':                              //URL 包含"?X=F"字串？
                forward(Rspeed,Lspeed);     //自走車前進運行。
                break;
            case 'B':                              //URL 包含"?X=B"字串？
                back(Rspeed,Lspeed);        //自走車後退運行。
                break;
            case 'R':                              //URL 包含"?X=R"字串？
                right(Rspeed,Lspeed);       //自走車右轉運行。
                break;
            case 'L':                              //URL 包含"?X=L"字串？
                left(Rspeed,Lspeed);        //自走車左轉運行。
                break;
            case 'S':                              //URL 包含"?X=S"字串？
                pause(Rspeed,Lspeed);       //自走車停止運行。
                break;
        }
        mainPage();
        return true;
    }
  }
}
//用戶端網頁
boolean mainPage()                                  //伺服網頁。
{
  WiServer.print("<html>");                         //html 語言。
  WiServer.print("<head>");
  WiServer.print("<meta http-equiv=content-type content=text/html; charset=UTF-8>");
  WiServer.print("<style>");
  WiServer.print("p{text-align:center;font-size:80px}");
  WiServer.print("input{margin:20px;padding:50px;font-size:60px}");
  WiServer.print("</style>");
  WiServer.print("</head>");
  WiServer.print("<body>");
  WiServer.print("<p>Wifi 遙控自走車</p>");
```

```
WiServer.print("<table border=0 align=center>");
WiServer.print("<tr>");                        //換列。
WiServer.print("<th></th>");                    //空白儲存格。
WiServer.print("<th>");                         //儲存格顯示"前進"。
WiServer.print("<form method=get>");
WiServer.print("<input type=hidden name=X value=F>");
WiServer.print("<input type=submit value=前進>");
WiServer.print("</form>");
WiServer.print("</th>");
WiServer.print("<th></th>");
WiServer.print("</tr>");
WiServer.print("<br>");
WiServer.print("<tr>");                         //換列。
WiServer.print("<th>");                         //儲存格顯示"左轉"。
WiServer.print("<form method=get>");
WiServer.print("<input type=hidden name=X value=L>");
WiServer.print("<input type=submit value=左轉>");
WiServer.print("</form>");
WiServer.print("</th>");
WiServer.print("<th>");                         //儲存格顯示"停止"。
WiServer.print("<form method=get>");
WiServer.print("<input type=hidden name=X value=S>");
WiServer.print("<input type=submit value=停止>");
WiServer.print("</form>");
WiServer.print("</th>");
WiServer.print("<th>");                         //儲存格顯示"右轉"。
WiServer.print("<form method=get>");
WiServer.print("<input type=hidden name=X value=R>");
WiServer.print("<input type=submit value=右轉>");
WiServer.print("</form>");
WiServer.print("</th>");
WiServer.print("</tr>");
WiServer.print("<br>");
WiServer.print("<tr>");                         //換列。
WiServer.print("<th></th>");                    //空白儲存格。
WiServer.print("<th>");                         //儲存格顯示"後退"。
WiServer.print("<form method=get>");
```

```
WiServer.print("<input type=hidden name=X value=B>");
WiServer.print("<input type=submit value=後退>");
WiServer.print("</form>");
WiServer.print("</th>");
WiServer.print("<th></th>");
WiServer.print("</tr>");
WiServer.print("</table>");
WiServer.print("</body></html>");
    return true;
}
//前進函式
void forward(byte RmotorSpeed, byte LmotorSpeed)
{
    analogWrite(pwmR,RmotorSpeed);
    analogWrite(pwmL,LmotorSpeed);
    digitalWrite(posR,HIGH);
    digitalWrite(negR,LOW);
    digitalWrite(posL,LOW);
    digitalWrite(negL,HIGH);
}
//後退函式
void back(byte RmotorSpeed, byte LmotorSpeed)
{
    analogWrite(pwmR,RmotorSpeed);
    analogWrite(pwmL,LmotorSpeed);
    digitalWrite(posR,LOW);
    digitalWrite(negR,HIGH);
    digitalWrite(posL,HIGH);
    digitalWrite(negL,LOW);
}
//右轉函式
void right(byte RmotorSpeed, byte LmotorSpeed)
{
    analogWrite(pwmR,RmotorSpeed);
    analogWrite(pwmL,LmotorSpeed);
    digitalWrite(posR,LOW);
    digitalWrite(negR,LOW);
```

```
    digitalWrite(posL,LOW);
    digitalWrite(negL,HIGH);
}
//左轉函式
void left(byte RmotorSpeed, byte LmotorSpeed)
{
    analogWrite(pwmR,RmotorSpeed);
    analogWrite(pwmL,LmotorSpeed);
    digitalWrite(posR,HIGH);
    digitalWrite(negR,LOW);
    digitalWrite(posL,LOW);
    digitalWrite(negL,LOW);
}
//停止函式
void pause(byte RmotorSpeed, byte LmotorSpeed)
{
    analogWrite(pwmR,RmotorSpeed);
    analogWrite(pwmL,LmotorSpeed);
    digitalWrite(posR,LOW);
    digitalWrite(negR,LOW);
    digitalWrite(posL,LOW);
    digitalWrite(negL,LOW);
}
```

練習

1. 設計 Arduino 程式，使用 Wi-Fi 網路連線控制含車燈的 Wi-Fi 遙控自走車，四個車燈 Fled、Bled、Rled 及 Lled 分別連接於 Arduino 控制板的數位腳 7、8、18、19。當自走車前進時，Fled 亮；當自走車後退時，Bled 亮；當自走車右轉時，Rled 亮；當自走車左轉時，Lled 亮。

2. 設計 Arduino 程式，使用 Wi-Fi 網路連線控制含車燈的 Wi-Fi 遙控自走車，兩個車燈 Rled 及 Lled 分別連接於 Arduino 控制板的數位腳 7 及 8。當自走車前進時，Rled 及 Lled 同時亮；當自走車右轉時，Rled 亮；當自走車左轉時，Lled 亮；當自走車後退時，Rled 及 Lled 均不亮。

如何建立可以連上網際網路的私用 IP

　　到目前為止，我們所完成的『Ethernet 網路家電控制電路』及『Wi-Fi 遙控自走車』都只能運行在家中同一個區域網路上。如果要讓網際網路上的任何人都可以連網『Ethernet 網路家電控制電路』或『Wi-Fi 遙控自走車』，就必須在寬頻分享器中安排一個通訊埠（Port），轉遞由網際網路傳來的訊息，連線送到 Ethernet 擴充板或 Wi-Fi 擴充板，才能控制家電或自走車。

　　以筆者所使用的寬頻分享器 D-Link DIR-809 為例，第一步是在 IE/Google Chrome 等瀏覽器中輸入網址 192.168.0.1 進入如圖 12-13 所示『網路管理頁面』第二步是在該頁面中找到『虛擬伺服器規則』頁面，設定應用程式名稱為『HTTP』、電腦名稱為 Wi-Fi 擴充板所使用的私用 IP 位址『192.168.0.170』，並且指定公用服務埠為 80（或其它埠）及私人服務埠為 80（或其它埠）。一旦設定完成後，只要是由 Internet 連接到寬頻分享器的公用 IP 位址，就會被轉遞到 Wi-Fi 模組的私用 IP 位址。

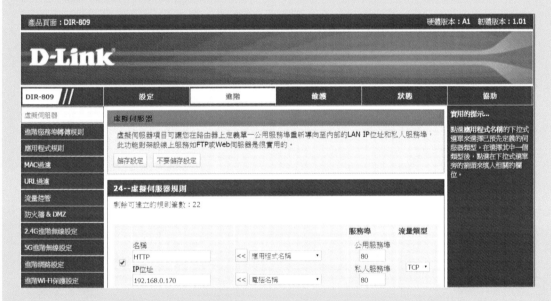

圖 12-13　設定通訊埠（Port）

　　虛擬伺服器（Virtual Server）又稱為虛擬主機（Virtual Host）是一種可以讓多個主機名稱在單一伺服器上運作的網路技術。虛擬伺服器不僅可以用來存放我們的網頁資料，也可以用來做為 Internet 伺服器，提供 WWW、FTP、Email 等服務。一個虛擬主機架設的網站數量愈多，就愈能有更多人共享同一台伺服器，但相對 CPU、記憶體等資源就比較吃緊。

　　在虛擬伺服器中可以利用不同的 Port 埠號來區別不同的服務，藉以快速建立多個虛擬主機。Port 埠號如同一個虛擬插孔，不同的插孔有不同的功能，常用虛擬主機名稱如 HTTP 使用 80 埠號、FTP 使用 21 埠號、telnet 使用 23 埠號、SMTP 使用 25 埠號、POP3 使用 110 埠號、DNS 使用 53 埠號。

 如何得知自己的公用 IP 位址

多數家庭的寬頻分享器都是使用浮動 IP，我們要如何得知目前所使用的公用 IP 位址呢？只要如圖 12-14 所示在 IE/Google Chrome 等瀏覽器中，輸入網址 http://www.whatismyip.com/，即可得知自己目前所使用的公用 IP 位址。

當我們要由網際網路遠端控制『 Ethernet 網路家電控制電路 』或『 Wi-Fi 遙控自走車 』時，只要輸入家中寬頻分享器的公用 IP 位址，在後面加上冒號後，緊接著輸入虛擬伺服器的公用服務埠號碼即可連線，輸入格式：http:// 公用 IP 位址:公用服務埠，本例為 http://175.182.175.141:80。

圖 12-14　檢查目前所使用的 IP 位址

12-7　認識 ESP8266 Wi-Fi 模組

如圖 12-15(a)所示 ESP8266 Wi-Fi 模組，由深圳安信可科技所生產製造的 ESP-01 模組，以下簡稱 ESP8266 模組。核心晶片 ESP8266 是由深圳樂鑫（Espressif）信息科技所開發設計，內建低功率 32bit 微控制器，具備 UART、I2C、PWM、GPIO 及 ADC 等功能，可應用於家庭自動化、遠端控制、遠端監控、穿戴電子產品、安全 ID 標籤及物聯網等。ESP8266 晶片沒有內建記憶體空間可以儲存韌體，必須外接記憶體，如圖 12-15(b)所示接腳圖，使用一顆 8Mbits 串列式快閃記憶體 25Q80，具有 8Mbits 即 1MB 的容量。ESP8266 晶片可以使用的振盪頻率範圍在 26MHz~52MHz 之間，ESP8266 模組使用 26MHz 石英晶體振盪器當作計時時鐘。

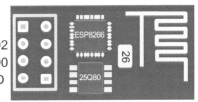

(a) 模組外觀　　　　　　　　　　　　　　(b) 接腳圖

圖 12-15　ESP8266 Wi-Fi 模組

ESP8266 模組是一個體積小、功能強、價位低的 Wi-Fi 模組，每個不到 100 元，工作電壓 3.3V，內部沒有穩壓 IC，所以不可以直接連上 5V，以免燒毀 ESP8266 晶片。在睡眠模式下的消耗電流小於 $12\mu A$，在工作模式下正常操作消耗電流 80mA，最大消耗電流 360mA。

ESP8266 模組使用 2.4GHz 工作頻段，內建 TCP/IP 協定套件（protocol stack），在空曠地方傳輸距離可達 400 公尺。支援 802.11b/g/n 無線網路協定及 WPA/WPA2 加密模式，可以直接連線到無線網路（Wi-Fi Direct，簡記 P2P），或是設定成為無線網路基地台（Access Point，簡記 AP）。在 P2P 模式下，可以設定成為伺服器（Server）等候用戶端（Client）連線，或是設定成為用戶端連線到其它的伺服器。

如表 12-5 所示為 ESP8266 模組的主要接腳功能說明，**以串口介面與 Arduino 建立通訊**，通常會使用 SoftwareSerial 函式庫建立一個軟體串口，以避免與硬體串口衝突。在使用 ESP8266 模組時，必須將模組的 VCC 腳及 CH_PD 腳連接 3.3V 電源，串

口 UTXD 腳連接 Arduino 板的 RX 腳、URXD 腳連接 Arduino 板的 TX 腳，模組的
GND 腳連接 Arduino 板的 GND 腳，才能連線上網。

表 12-5　ESP8266 模組的主要接腳功能說明

模組接腳	功能說明
1	GND：電源接地。
2	UTXD：ESP8266 串口傳送腳。
3	GPIO2：一般 I/O 埠，內含提升電阻。
4	CH_PD：晶片致能腳，高電位動作。
5	(1) GPIO0 內含提升電阻，當 GPIO0 低電位時，模組工作在『韌體更新』模式。 (2) 當 GPIO0 高電位或空接時，模組工作在『一般通訊』模式。
6	RST：重置接腳，低電位動作。
7	URXD：ESP8266 串口接收腳，含內部提升電阻。
8	VCC：電源接腳，電壓範圍 1.7V~3.6V，典型值為 3.3V。

12-7-1 ESP8266 Wi-Fi 功能 AT 命令

如表 12-6 所示為本書所使用 ESP8266 模組常用 Wi-Fi 功能的 AT 命令說明，設
定參數所使用的 **AT 命令沒有區分大、小寫，而且都是以 "\r\n" 結束字符作結尾，**
只要輸入 AT 命令後再按下 Enter↵ 鍵即可產生結束字符。ESP8266 模組的 AT 指令
集主要分為**基礎 AT 命令**、WiFi **AT 命令**及 TCP/IP **工具箱 AT 命令**等三種。

表 12-6　ESP8266 模組常用 Wi-Fi 功能的 AT 命令說明

AT 命令	回應	參數	功能說明
AT	OK	無	模組測試
AT+RST	OK	無	模組重置
AT+GMR	<number> OK	<number> AT、SDK 版本訊息	查詢版本訊息
AT+CWMODE=<mode>	OK	<mode> 1:Station 模式 2:AP 模式 3:AP 兼 Station 模式	設定 WiFi 應用模式

AT 命令	回應	參數	功能說明
AT+CWMODE?	+CWMODE:<mode> OK	同上	查詢當前 WiFi 應用模式
AT+CWJAP= <ssid>,<password>	OK	<ssid>字串 連接 AP 的名稱 <password>字串 連接 AP 的密碼，最長 64 位元，需要開啟 Station 模式	設定所要連接的 AP
AT+CWJAP?	+CWJAP:<ssid> OK	同上	查詢當前的 AP 選擇
AT+CWQAP	OK	無	退出與 AP 的連接
AT+CIPMUX=<mode>	OK	<mode> 0:單路連接模式 1:多路連接模式	設定連接模式
AT+CIPMUX?	+CIPMUX:<mode> OK	同上	查詢連接模式
AT+CIFSR	+CIFSR:<IP 位址> +CIFSR:<IP 位址> OK	第一行為 AP 的 IP 位址 第二行為 Station 的 IP 位址	取得本地 IP 位址
AT+CIPSERVER= <mode>,[<port>]	OK	<mode> 0:關閉 server 模式 1:開啟 server 模式 <port> 埠號，預設值為 333	配置為服務器
AT+CIPSTART= <type>,<addr>,<port>	OK:連接成功 ERROR:失敗 ALREADY CONNECT: 連接已經存在	<id> 0~4 連接的 id 號碼 <type> 連接類型 TCP:TCP 連接 UDP:UDP 連接 <addr>IP 位址 <port>埠號	建立 TCP 單路連接

AT 命令	回應	參數	功能說明
AT+CIPSTART=\<id\>, \<type\>,\<addr\>,\<port\>	同上	同上	建立 TCP 多路連接
AT+CIPCLOSE	OK:關閉 Link is not:沒有連接	無	關閉 TCP 單路連接
AT+CIPCLOSE=\<id\>	OK:關閉 ERROR:沒有連接	\<id\>需要關閉的連接	關閉 TCP 多路連接
AT+CIPSEND=\<length\>	SEND OK:發送數據成功 ERROR:發送數據失敗	\<length\>數據長度， 最大長度 2048bytes	單路連接發送數據
AT+CIPSEND= \<id\>,\<length\>	同上	\<id\> 0~4 連接的 id 號碼 \<length\> 發送數據長度	多路連接發送數據
+IPD,\<len\>:\<data\>	當模組接收到網路的數據資料時，會向串口發出+IPD 及數據	\<len\>數據長度 \<data\>收到的數據	單路連接接收的數據
+IPD,\<id\>， \<len\>:\<data\>	當模組接收到網路的數據資料時，會向串口發出+IPD 及數據	\<id\>連接的 id 號碼 \<len\>數據長度 \<data\>收到的數據	多路連接接收的數據

12-7-2 設定 ESP8266 模組參數

如圖 12-16 所示為使用 Arduino IDE 設定 ESP8266 模組參數的電路接線圖，在 Arduino 硬體中已經**內建 USB 介面晶片**，可以取代圖 6-3 所示的 **USB 對 TTL 連接線**，將 USB 訊號轉換成 TTL 訊號。另外，Arduino IDE 的序列埠監控視窗也可以取代**通訊軟體**的使用。

ESP8266 的電流消耗最大可達 200~300mA，電源必須提供至少 300mA 以上的電流，才能確保 ESP8266 的穩定運作。Arduino UNO 板的 3.3V 輸出電流只有 50mA，對於 ESP8266 工作在『**一般通訊**』的 AT 命令模式所需的電流是足夠。但如果是工作在『**韌體更新**』模式時，ESP8266 會消耗更大的電流，因此我們不能繼續用 Arduino 作為電源，而必須使用可以提供更大電流的 3.3V 電源。

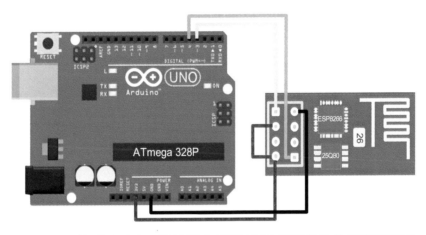

圖 12-16　使用 Arduino IDE 設定 ESP8266 模組參數的電路接線圖

軟體程式

程式：ch12-3.ino

```
範例：#include <SoftwareSerial.h>              //使用 SoftwareSerial.h 函式庫。
      SoftwareSerial ESP8266 (3,4);           //設定 RX(數位腳 3)、TX(數位腳 4)。
      void setup()                            //設定初值、參數。
      {
        Serial.begin(9600);                   //設序列埠速率為 9600bps。
        ESP8266.begin(9600);                  //設定 ESP8266 模組速率為 9600bps。
      }
      void loop()                             //主迴圈。
      {
        if(ESP8266.available())               //ESP8266 模組接收到數據資料？
          Serial.write(ESP8266.read());       //讀取並顯示於 Arduino 序列埠視窗中。
        else if(Serial.available())           //Arduino 接收到數據資料？
          ESP8266.write(Serial.read());       //將資料寫入 ESP8266 模組中。
      }
```

測試 ESP8266 模組

STEP 1

A. 開啟 CH12-3.ino 並上傳至 Arduino UNO 板中。

B. 開啟序列埠監控視窗

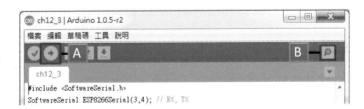

STEP 2

A. 新版 ESP8266 模組的通訊速率出廠預設為 9600bps。因此,必須設定 Arduino 板的通訊速率為 9600bps。

B. 將【沒有行結尾】改為換行、歸位的【NL 與 CR】,才能執行 AT 命令。

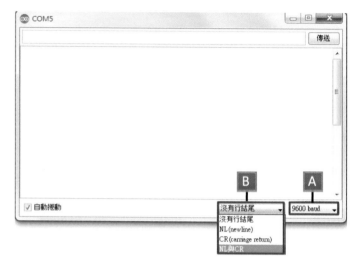

STEP 3

A. 在『傳送視窗』中輸入【AT】命令。

B. 按下 [傳送] 或是電腦鍵盤上的 [Enter ↵] 鍵,將命令傳送至 ESP8266 模組。

C. 如果 ESP8266 模組有正確連線,在『接收視窗』中會回傳【OK】訊息。

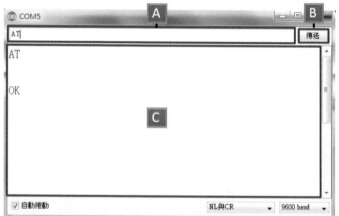

重置 ESP8266 模組

STEP 1

A. 在『傳送視窗』中輸入【AT+RST】命令,重置 ESP8266 模組。

B. 按下 [傳送] 鈕或是電腦鍵盤上的 [Enter ↵] 鍵,將命令傳送至 ESP8266 模組。

C. 如果設定成功,在『接收視窗』中會回傳【OK】訊息。

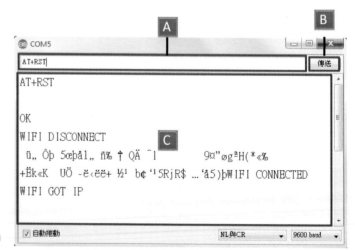

查詢 ESP8266 版本序號

STEP 1

A. 在『傳送視窗』中輸入【AT+GMR】命令。

B. 按下 傳送 鈕或是電腦鍵盤上的 Enter ↵ 鍵，將命令傳送至 ESP8266 模組。

C. 若 ESP8266 模組接收到命令，會回傳版本及【OK】訊息。

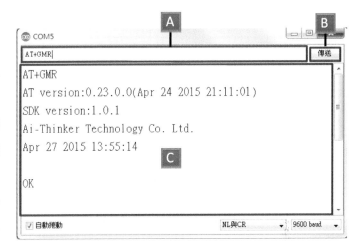

選擇 Wi-Fi 應用模式

STEP 1

A. 在『傳送視窗』中輸入【AT+CWMODE=1】命令，設定 Wi-Fi 為 Station 模式。

B. 按下 傳送 鈕或是電腦鍵盤上的 Enter ↵ 鍵，將命令傳送至 ESP8266 模組。

C. 設定成功，回傳【OK】訊息。

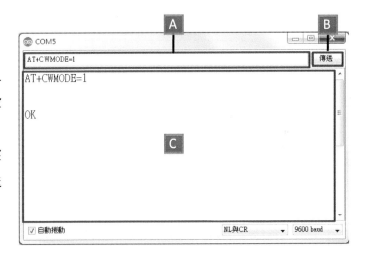

查詢 Wi-Fi 應用模式

STEP 1

A. 在『傳送視窗』中輸入【AT+CWMODE?】命令，查詢 Wi-Fi 應用模式。

B. 按下 傳送 鈕或是電腦鍵盤上的 Enter ↵ 鍵，將命令傳送至 ESP8266 模組。

C. 查詢成功，回傳應用模式及【OK】訊息。

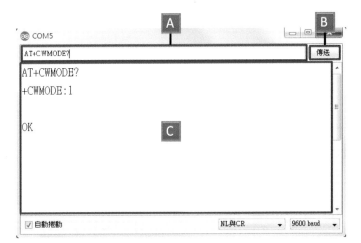

加入 AP

STEP 1

A. 在『傳送視窗』中輸入
【 AT+CWJAP="SSID","PAS
SWORD" 】命令，加入 AP。

B. 按下 傳送 鈕或是電腦鍵盤
上的 Enter ↵ 鍵，將命令傳送
至 ESP8266 模組。

C. 加入 AP 成功，回傳【 OK 】訊
息。

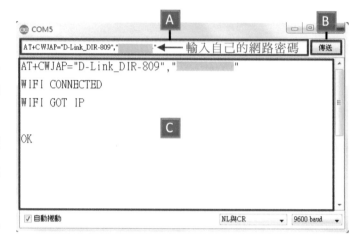

12-8　認識 ESP8266 Wi-Fi 遙控自走車

所謂 ESP8266 Wi-Fi 遙控自走車是指使用 ESP8266 模組無線連線上網，再透過手機 Wi-Fi 遙控 App 程式來遙控自走車**前進、後退、右轉、左轉**及**停止**等運行動作。如表 12-7 所示為 ESP8266 Wi-Fi 遙控自走車運行的控制策略。

表 12-7　ESP8266 Wi-Fi 遙控自走車運行的控制策略

按鈕	控制策略	左輪	右輪
前進	前進	反轉	正轉
後退	後退	正轉	反轉
右轉	右轉	反轉	停止
左轉	左轉	停止	正轉
停止	停止	停止	停止

12-9　自造 ESP8266 Wi-Fi 遙控自走車

ESP8266 Wi-Fi 遙控自走車包含**手機 Wi-Fi 遙控 App 程式**及 **ESP8266 Wi-Fi 遙控自走車電路**兩個部份，其中手機 Wi-Fi 遙控 App 程式使用 App Inventor 2 完成，而 Wi-Fi 遙控自走車電路主要使用 Arduino UNO 板及 ESP8266 模組完成。

12-9-1 手機 Wi-Fi 遙控 App 程式

如圖 12-17 所示手機 Wi-Fi 遙控 App 程式，使用 Android 手機中的二維條碼掃描軟體如 QuickMark 等，下載並安裝如圖 12-17(a)所示手機 Wi-Fi 遙控 App 程式，安裝完成後可以開啟如圖 12-17(b)所示手機 Wi-Fi 控制介面。手機 Wi-Fi 遙控 App 程式儲存於隨書附贈光碟中的/ino/WiFicar.aia。

（a）QRcode 安裝檔　　　　　（b）手機 Wi-Fi 控制介面

圖 12-17　手機 Wi-Fi 遙控 App 程式

☐ **功能說明：**

開啟如圖 12-17(b)所示手機 Wi-Fi 控制介面，如果是使用區域網路，只須輸入**私用 IP 位址**，不需輸入 Port 服務埠號，即可以手機 Wi-Fi 遙控自走車**前進、後退、右轉、左轉**及**停止**等運行動作。如果是使用網際網路，則必須輸入**公用 IP 位址**及 **Port 服務埠號**才能連線控制。請參考前一節『如何建立可以連上網際網路的私用 IP 』及『如何得知自己的公用 IP 位址 』的說明。

當按下 前進 鈕時，自走車**前進**運行。當按下 後退 鈕時，自走車**後退**運行。當按下 右轉 鈕時，自走車**右轉**運行。當按下 左轉 鈕時，自走車**左轉**運行。當按下 停止 鈕時，自走車**停止**運行。

取得 ESP8266 模組所使用的私用 IP

STEP 1

A. 開啟 CH12-4.ino，更改自己的網路連線名稱 SSID 及網路連線密碼 PASSWORD。

B. 上傳至 Arduino UNO 板中。

C. 開啟序列埠監控視窗，開始重置並建立 ESP8266 模組的 Wi-Fi 連線。

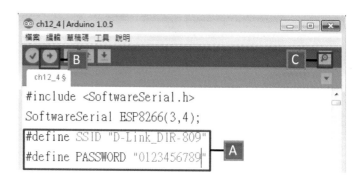

STEP 2

A. 重置 ESP8266 模組。

B. 選擇 Station 模式，並等待加入 AP。

C. 取得私用 IP 位址，本例為 192.168.0.105。

D. 設定多路連接模式。

E. 設定 ESP8266 模組為 SEVER 模式，並且使用埠號 80。

F. 建立 TCP/IP 連線。

G. 取得私用 IP 位址後，在瀏覽器中輸入寬頻分享器的伺服器位址 192.168.0.1 進入『虛擬伺服器規則』頁面中的虛擬伺服器。設定『公用 IP 位址』及『公用服務埠』完後，才能使用網路連線 ESP8266 模組，遠端遙控自走車前進、後退、右轉、左轉及停止等運行動作。

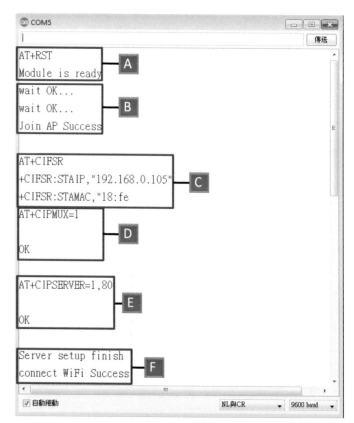

手機 Wi-Fi 遙控 App 程式拼塊

程式：WiFicar.aia

1. 按下 前進 鈕，自走車**前進**運行。

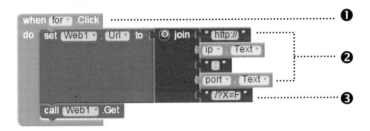

    ❶ 按下 前進 鈕的動作。

    ❷ 連接網址 http://ip 位址:port 埠號。

    ❸ 使用 GET 方法傳送字串"/?X=F"至指定的 IP 位址。

2. 按下 後退 鈕，自走車**後退**運行。

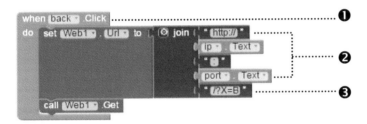

    ❶ 按下 後退 鈕的動作。

    ❷ 連接網址 http://ip 位址:port 埠號。

    ❸ 使用 GET 方法傳送字串"/?X=B"至指定的 IP 位址。

3. 按下 右轉 鈕，自走車**右轉**運行。

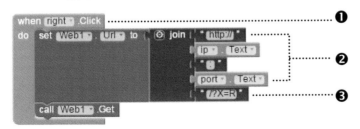

    ❶ 按下 右轉 鈕的動作。

❷ 連接網址 http://ip 位址:port 埠號。

❸ 使用 GET 方法傳送字串"/?X=R"至指定的 IP 位址。

4・按下 左轉 鈕，自走車**左轉**運行。

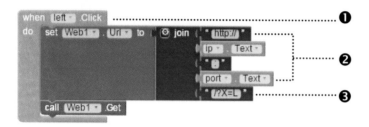

❶ 按下 左轉 鈕的動作。

❷ 連接網址 http://ip 位址:port 埠號。

❸ 使用 GET 方法傳送字串"/?X=L"至指定的 IP 位址。

5・按下 停止 鈕，自走車**停止**運行。

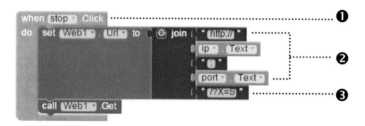

❶ 按下 停止 鈕的動作。

❷ 連接網址 http://ip 位址:port 埠號。

❸ 使用 GET 方法傳送字串"/?X=S"至指定的 IP 位址。

6‧以 Web 元件，透過 GET 方法讀取來源資料後，再使用 GotText 事件將指定的來源資料回傳。

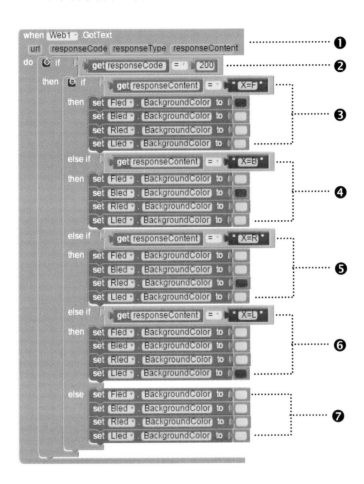

❶ 使用 GET 方法會觸發 GotText 事件。

❷ 判斷是否已成功取得資料。

❸ 所取得的回傳資料是"X=F"，自走車目前動作為**前進**運行，點亮**前**指示燈。

❹ 所取得的回傳資料是"X=B"，自走車目前動作為**後退**運行，點亮**後**指示燈。

❺ 所取得的回傳資料是"X=R"，自走車目前動作為**右轉**運行，點亮**右**指示燈。

❻ 所取得的回傳資料是"X=L"，自走車目前動作為**左轉**運行，點亮**左**指示燈。

❼ 所取得的回傳資料是"X=S"，自走車目前動作為**停止**運行，關閉所有指示燈。

12-9-2 ESP8266 Wi-Fi 遙控自走車電路

如圖 12-18 所示 Wi-Fi 遙控自走車電路接線圖，包含 ESP8266 **模組**、Arduino **控制板**、**馬達驅動模組**、**馬達組件**及**電源電路**等五個部份。

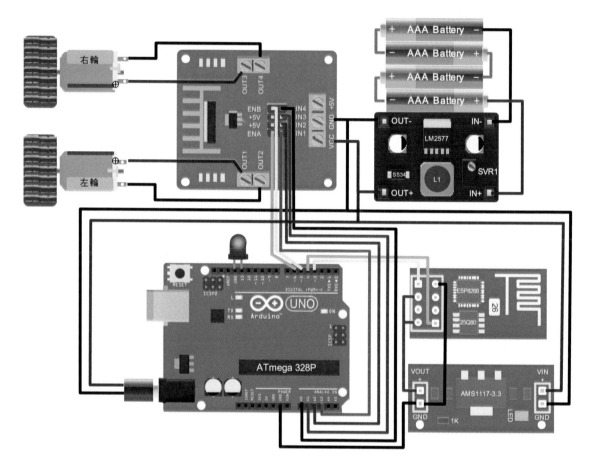

圖 12-18　ESP8266 Wi-Fi 遙控自走車電路接線圖

ESP8266 模組

ESP-01 模組由+3.3V 電源模組供應穩定足夠的輸出電流，使 ESP8266 可以正確工作。另外，ESP8266 模組的 CH-PD 腳必須連接至 3.3V 以致能 ESP8266 晶片動作。將 ESP8266 模組的 URXD 腳連接至 Arduino 控制板的數位腳 4（TXD），ESP8266 模組的 UTXD 腳連接至 Arduino 控制板的數位腳 3（RXD），接腳不可接錯，否則無法連線上網。

Arduino 控制板

　　Arduino 控制板為控制中心，檢測由手機 Wi-Fi 遙控 App 程式，透過無線 Wi-Fi 網路所傳送的自走車運行代碼，來驅動左、右兩組減速直流馬達，使自走車能夠正確運行。

馬達驅動模組

　　馬達驅動模組使用 L298 驅動 IC 來控制兩組減速直流馬達，其中 IN1、IN2 輸入訊號控制左輪轉向，而 IN3、IN4 輸入訊號控制右輪轉向。另外，Arduino 控制板輸出兩組 PWM 訊號連接至 ENA 及 ENB，分別控制左輪及右輪的轉速。因為馬達有最小的啟動轉矩電壓，所輸出的 PWM 訊號平均值不可太小，以免無法驅動馬達轉動。PWM 訊號只能微調馬達轉速，如果需要較低的轉速，可改用較大減速比的直流馬達。

馬達組件

　　馬達組件包含兩組 300rpm/min（測試條件：6V）的金屬減速直流馬達、兩個固定座、兩個 D 型接頭 43mm 橡皮車輪及一個萬向輪，橡皮材質輪子比塑膠材質磨擦力大而且控制容易。

電源電路

　　電源模組包含四個 1.5V 一次電池或四個 1.2V 充電電池及 DC-DC 升壓模組，調整 DC-DC 升壓模組中的 SVR1 可變電阻，使輸出升壓至 9V，再將其連接供電給 Arduino 控制板及馬達驅動模組。如果是使用兩個 3.7V 的 18650 鋰電池，可以不用再使用 DC-DC 升壓模組。每個容量 2000mAh 的 1.2V 鎳氫電池約 90 元，每個容量 3000mAh 的 18650 鋰電池約 250 元。另外，使用如圖 12-19 所示 3.3V 電源模組將 DC-DC 升壓模組輸出 9V 電源轉換成 3.3V 電源後，供電給 ESP8266 Wi-Fi 模組使用。

(a) 模組外觀　　　　　　　　　　　　　(b) 接腳圖

圖 12-19　3.3V 電源模組

3.3V 電源模組使用 AMS1117-3.3 電壓調整 IC，可將 4.75V~12V 的直流輸入，轉換成 3.3V 輸出，最大輸出電流 1A。3.3V 電源模組可以提供給 ESP8266 足夠電流，使其能正確工作。每個 3.3V 電源模組約 110 元。

☐ 功能說明：

　　Wi-Fi 遙控自走車電路接收來自手機 Wi-Fi 遙控 App 程式所傳送的控制代碼。當接收到**前進**代碼"X=F"時，自走車**前進**運行。當接收到**後退**代碼"X=B"，自走車**後退**運行。當接收到**右轉**代碼"X=R"時，自走車**右轉**運行。當接收到**左轉**代碼"X=L"時，自走車**左轉**運行。當接收到**停止**代碼"X=S"時，自走車**停止**運行。

程式：ch12-4.ino

```
#include <SoftwareSerial.h>              //使用 SoftwareSerial 函式庫。
SoftwareSerial ESP8266(3,4);            //數位腳 3 為 RX，數位腳 4 為 TX。
#define SSID "D-Link_DIR-809"           //輸入您的無線網路名稱。
#define PASSWORD "0123456789"           //輸入您的無線網路密碼。
const int WIFIled=13;                   //ESP-01 模組連線狀態指示燈。
const int negR=14;                      //右輪馬達負極。
const int posR=15;                      //右輪馬達正極。
const int negL=16;                      //左輪馬達負極。
const int posL=17;                      //左輪馬達正極。
const int pwmR=5;                       //右轉馬達轉速控制。
const int pwmL=6;                       //左轉馬達轉速控制。
const int Rspeed=200;                   //右輪馬達轉速初值。
const int Lspeed=200;                   //左輪馬達轉速初值。
boolean FAIL_8266 = false;              //ESP8266 連線狀態。
int connectionId;                       //多路連接 id。
//初值設定
void setup()
{
    pinMode(posR,OUTPUT);               //設定數位腳 14 為輸出腳。
    pinMode(negR,OUTPUT);               //設定數位腳 15 為輸出腳。
    pinMode(posL,OUTPUT);               //設定數位腳 16 為輸出腳。
    pinMode(negL,OUTPUT);               //設定數位腳 17 為輸出腳。
    pinMode(pwmR,OUTPUT);               //設定數位腳 5 為輸出腳。
    pinMode(pwmL,OUTPUT);               //設定數位腳 6 為輸出腳。
    pinMode(WIFIled,OUTPUT);            //設定數位腳 13 為輸出腳。
```

```
digitalWrite(WIFIled,LOW);                    //關閉 ESP8266 連線狀態指示燈。
Serial.begin(9600);                           //Arduino 串口傳輸速率 9600bps
ESP8266.begin(9600);                          //ESP8266 串口傳輸速率 9600bps
for(int i=0;i<3;i++)                          //連線狀態指示燈閃爍三次。
{
    digitalWrite(WIFIled,HIGH);
    delay(200);
    digitalWrite(WIFIled,LOW);
    delay(200);
}
do
{
    ESP8266.println("AT+RST");                //初始化 ESP8266。
    Serial.println("AT+RST");
    delay(1000);                              //延遲 1 秒。
    if(ESP8266.find("OK"))                    //初始化 ESP8266 成功?
    {
        Serial.println("Module is ready");    //回應訊息。
        if(connectWiFi(10))                   //建立 Wi-Fi 連線。
        {                                     //連線成功。
            Serial.println("connect WiFi Success");
            FAIL_8266=false;
        }
        else                                  //連線失敗。
        {
            Serial.println("connect WiFi Fail");
            FAIL_8266=true;
        }
    }
    else                                      //初始化 ESP8266 失敗。
    {
        Serial.println("Module have no response.");
        delay(500);
        FAIL_8266=true;
    }
}while(FAIL_8266);                            //連線失敗,再試一次。
digitalWrite(WIFIled,HIGH);                   //連線成功,點亮連線指示燈。
```

```
}
//主迴圈
void loop()
{
    if(ESP8266.available())                    //ESP8266 發送數據?
    {
        Serial.println("Something received");  //提示訊息。
        if(ESP8266.find("+IPD,"))              //ESP8266 接收到網路數據?
        {
            String action;                     //回應訊息。
            Serial.println("+IPD, found");
            connectionId = ESP8266.read()-'0'; //多路連接 id。
            Serial.println("connectionId: " + String(connectionId));
            ESP8266.find("X=");
            char s = ESP8266.read();
            if(s=='F')                         //網路數據為"X=F"?
            {
                action = "X=F";                //回應訊息"X=F"。
                forward(Rspeed,Lspeed);        //自走車前進。
            }
            else if(s=='B')                    //網路數據為"X=B"?
            {
                action = "X=B";                //回應訊息"X=B"。
                back(Rspeed,Lspeed);           //自走車後退。
            }
            else if(s=='R')                    //網路數據為"X=R"?
            {
                action = "X=R";                //回應訊息"X=R"。
                right(Rspeed,Lspeed);          //自走車右轉。
            }
            else if(s=='L')                    //網路數據為"X=L"?
            {
                action = "X=L";                //回應訊息"X=L"。
                left(Rspeed,Lspeed);           //自走車左轉。
            }
            else if(s=='S')                    //網路數據為"X=S"?
            {
```

```
        action = "X=S";                          //回應訊息"X=S"。
        pause(Rspeed,Lspeed);                     //自走車停止。
      }
    else                                          //未知的網路數據。
    {
        action = "X=?";                           //回應訊息"X=?"。
        pause(Rspeed,Lspeed);                     //自走車停止。
    }
    Serial.println(action);
    httpResponse(connectionId,action);  //回傳訊息至用戶端client
    }
  }
}
//建立Wi-Fi連線函式
boolean connectWiFi(int timeout)
{
  do
  {
    ESP8266.println("AT+CWMODE=1");               //選擇station模式。
    delay(1000);                                  //延遲1秒。
    String cmd="AT+CWJAP=\"";
    cmd+=SSID;                                     //您的無線網路名稱。
    cmd+="\",\"";
    cmd+=PASSWORD;                                 //您的無線網路密碼。
    cmd+="\"";
    ESP8266.println(cmd);                          //加入AP。
    Serial.println("wait OK...");                  //等待中。
    delay(2000);                                   //延遲2秒。
    if(ESP8266.find("OK"))
    {
        Serial.println("Join AP Success");
        sendESP8266Cmd("AT+CIFSR",3000);           //取得私有IP位址。
        sendESP8266Cmd("AT+CIPMUX=1",1000); //啟動多路連接模式。
        sendESP8266Cmd("AT+CIPSERVER=1,80",1000); //開啟SERVER。
        Serial.println("Server setup finish");
        return true;                               //建立Wi-Fi連線成功。
    }
```

```
    }while((timeout--)>0);
    return false;                           //建立 Wi-Fi 連線失敗。
}
//回應用戶端函式
void httpResponse(int id, String content)
{
    String response;                        //回傳給伺服器的訊息。
    response = "HTTP/1.1 200 OK\r\n";       //請求成功回傳訊息。
    response += "Content-Type: text/html\r\n";//網頁樣式是 text/html。
    response += "Connection: close\r\n";    //關閉連線。
    response += "Refresh: 8\r\n";           //自動更新網頁。
    response += "\r\n";
    response += content;
    String cmd = "AT+CIPSEND=";             //利用 ESP8266 傳送訊息。
    cmd += id;
    cmd += ",";
    cmd += response.length();               //訊息長度。
    sendESP8266Cmd(cmd,200);                //利用 ESP8266 傳送命令。
    sendESP8266Data(response,200);          //利用 ESP8266 傳送數據。
    cmd = "AT+CIPCLOSE=";                   //關閉 TCP/IP 連接。
    cmd += connectionId;
    sendESP8266Cmd(cmd,200);
}
//ESP8266 傳送命令函式
void sendESP8266Cmd(String cmd, int waitTime)
{
    ESP8266.println(cmd);
    delay(waitTime);
    while (ESP8266.available() > 0)         //ESP8266 回傳訊息?
    {
        char a = ESP8266.read();            //讀取 ESP8266 回傳訊息。
        Serial.write(a);                    //讀取 ESP8266 回傳訊息。
    }
    Serial.println();
}
// ESP8266 傳送數據函式
void sendESP8266Data(String data, int waitTime)
```

```
{
    ESP8266.print(data);
    delay(waitTime);
    while (ESP8266.available() > 0)        //ESP8266 回傳訊息?
    {
        char a = ESP8266.read();           //讀取 ESP8266 回傳訊息。
        Serial.write(a);                   //讀取 ESP8266 回傳訊息。
    }
    Serial.println();
}
//前進函式
void forward(byte RmotorSpeed, byte LmotorSpeed)
{
    analogWrite(pwmR,RmotorSpeed);
    analogWrite(pwmL,LmotorSpeed);
    digitalWrite(posR,HIGH);
    digitalWrite(negR,LOW);
    digitalWrite(posL,LOW);
    digitalWrite(negL,HIGH);
}
//後退函式
void back(byte RmotorSpeed, byte LmotorSpeed)
{
    analogWrite(pwmR,RmotorSpeed);
    analogWrite(pwmL,LmotorSpeed);
    digitalWrite(posR,LOW);
    digitalWrite(negR,HIGH);
    digitalWrite(posL,HIGH);
    digitalWrite(negL,LOW);
}
//右轉函式
void right(byte RmotorSpeed, byte LmotorSpeed)
{
    analogWrite(pwmR,RmotorSpeed);
    analogWrite(pwmL,LmotorSpeed);
    digitalWrite(posR,LOW);
    digitalWrite(negR,LOW);
```

```
    digitalWrite(posL,LOW);
    digitalWrite(negL,HIGH);
}
//左轉函式
void left(byte RmotorSpeed, byte LmotorSpeed)
{
    analogWrite(pwmR,RmotorSpeed);
    analogWrite(pwmL,LmotorSpeed);
    digitalWrite(posR,HIGH);
    digitalWrite(negR,LOW);
    digitalWrite(posL,LOW);
    digitalWrite(negL,LOW);
}
//停止函式
void pause(byte RmotorSpeed, byte LmotorSpeed)
{
    analogWrite(pwmR,RmotorSpeed);
    analogWrite(pwmL,LmotorSpeed);
    digitalWrite(posR,LOW);
    digitalWrite(negR,LOW);
    digitalWrite(posL,LOW);
    digitalWrite(negL,LOW);
}
```

練習

1. 設計 Arduino 程式，使用手機 Wi-Fi 控制含車燈的 ESP8266 Wi-Fi 遙控自走車，四個車燈 Fled、Bled、Rled 及 Lled 分別連接於 Arduino 控制板的數位腳 7、8、18、19。當自走車前進時，Fled 亮；當自走車後退時，Bled 亮；當自走車右轉時，Rled 亮；當自走車左轉時，Lled 亮。

2. 設計 Arduino 程式，使用手機 Wi-Fi 控制含車燈的 ESP8266 Wi-Fi 遙控自走車，兩個車燈 Rled 及 Lled 分別連接於 Arduino 控制板的數位腳 7 及 8。當自走車前進時，Rled 及 Lled 同時亮；當自走車右轉時，Rled 亮；當自走車左轉時，Lled 亮；當自走車後退時，Rled 及 Lled 均不亮。

實習材料表

A-1　如何購買本書材料

在 Arduino **控制板**部份，本書所有實驗皆使用 Arduino UNO 板完成，也可以使用其它的 Arduino 板或相容板。原廠 Arduino UNO 板(store.arduino.cc)價格較高約 700 元，相容 Arduino UNO 板價格較低約 300 元。

在**周邊模組**部份，本書多數實驗是使用市售模組來完成，但是對於模組的內部電路及工作原理也有詳細說明。有興趣自行製作電路的讀者可以至光華商場、光華新天地、西寧市場、台中電子街、高雄長明街等相關電子材料行，或是電子材料網站(如：www.buyic.com.tw、www.icshop.com.tw)購買電子元件自行焊接或使用麵包板來組裝完成。

在**自走車體**部份，可以使用壓克力板或光碟片自行製作車體。

如果讀者或學校等相關單位想節省準備 Arduino 控制板、周邊模組及自走車體的時間，也可洽詢碁峰資訊團隊(www.gotop.com.tw)或慧手科技(www.motoduino.com)購買本書的完整套件。

A-2　全書實習材料表

如表 A-1 所示為全書實習材料表，副廠模組雖然價格較便宜，且與原廠模組規格相容，但其解析度與精確度仍有些許差異。在表 A-1 中有全書的實習材料表，讀者可依自己的需求來購買。除了可以在上述的網站上購得所需模組或元件之外，大陸的**淘寶網**物美價廉，也是不錯的選擇之一，但運費較貴，訂購數量要多才會便宜。

表 A-1　全書實習材料表

序號	模組或元件名稱	規格	數量
1	Arduino 控制板	UNO	2
2	馬達驅動模組	L298 驅動 IC	1
3	微型金屬減速直流馬達	1:30	2
4	馬達固定座	N20	2
5	車輪	D 型接頭 43mm 橡皮車輪	2
6	萬向輪	N20	1
7	DC-DC 升壓模組	輸入 3.5-30V,輸出 4-30V/3A	1

序號	模組或元件名稱	規格	數量
8	3.3V 電源模組	輸入 4.75-12V,輸出 3.3V/1A	1
9	3 號充電電池	1.2V，鎳氫，2000mAh	4
10	3 號電池座	四入	1
11	一般電池	9V，方型	1
12	紅外線循跡模組	TCRT5000	3
13	紅外線遙控器	40mm×85mm / 20 鍵以上	1
14	紅外線接收模組	38kHz 載波、940nm 波長	1
15	Andriod 手機	Android 系統	1
16	藍牙模組	HC-05	1
17	十字搖桿模組	X、Y 類比輸出，Z 數位輸出	1
18	RF 發射模組	315MHz	1
19	RF 接收模組	315MHz	1
20	XBee 模組	3.3V,250Kbps,2mW 輸出	2
21	加速度計模組	MMA7260 / 7361	1
22	超音波模組	5V,2cm～300cm,±15°	1
23	RFID 模組	13.56MHz	1
24	蜂鳴器	它激式	1
25	Wi-Fi 模組	2.4GHz，SPI 介面	1
26	ESP8266 Wi-Fi 模組	2.4GHz，串口介面	1

A-3　各章實習材料表

　　在進行自走車製作前，第一步就是要先準備材料，最簡單的方法就是使用模組來開發。本書所設計的自走車套件，使用的相關材料除了可自行在電子材料行或相關網站購買外，為了方便讀者，已委請**碁峰資訊**與**慧手科技**生產開發，自走車套件的內容包含全書所需模組與元件。

A-3-1 第 3 章實習材料表

如表 A-2 所示為第 3 章『**自走車實習**』材料表，包含 Arduino UNO 控制板、馬達驅動模組、馬達組件及電源電路等四個部份。其中馬達組件包含兩個微型金屬減速直流馬達、兩個固定座、兩個 D 型接頭 43mm 橡皮車輪及一個 N20 萬向輪。

表 A-2　自走車實習材料表

序號	設備或元件名稱	規格	數量	備註
1	Arduino 控制板	UNO	1	
2	馬達驅動模組	L298 驅動 IC	1	
3	微型金屬減速直流馬達	1:30	2	
4	馬達固定座	N20	2	
5	車輪	D 型接頭 43mm 橡皮車輪	2	
6	萬向輪	N20	1	
7	DC-DC 升壓模組	輸入 3.5-30V，輸出 4-30V/3A	1	使用 LM2577 晶片
8	3 號充電電池(含電池座)	1.2V，鎳氫，2000mAh	4	

A-3-2 第 4 章實習材料表

如表 A-3 所示為第 4 章『**紅外線循跡自走車實習**』材料表，包含紅外線循跡模組、Arduino 控制板、馬達驅動模組、馬達組件及電源電路等五個部份。其中馬達組件包含兩個微型金屬減速直流馬達、兩個固定座、兩個 D 型接頭 43mm 橡皮車輪及一個 N20 萬向輪。

表 A-3　紅外線循跡自走車實習材料表

序號	設備或元件名稱	規格	數量	備註
1	Arduino 控制板	UNO	1	
2	馬達驅動模組	L298 驅動 IC	1	
3	微型金屬減速直流馬達	1:30	2	
4	馬達固定座	N20	2	
5	車輪	D 型接頭 43mm 橡皮車輪	2	
6	萬向輪	N20	1	

序號	設備或元件名稱	規格	數量	備註
7	DC-DC 升壓模組	輸入 3.5-30V,輸出 4-30V/3A	1	使用 LM2577 晶片
8	紅外線循跡模組	5V,類比輸出,數位輸出	3	使用 TCRT5000 模組
9	3 號充電電池(含電池座)	1.2V，鎳氫，2000mAh	4	

A-3-3 第 5 章實習材料表

如表 A-4 所示為第 5 章『**紅外線遙控自走車實習**』材料表，包含紅外線遙控器、紅外線接收模組、Arduino 控制板、馬達驅動模組、馬達組件及電源電路等六個部份。其中馬達組件包含兩個微型金屬減速直流馬達、兩個固定座、兩個 D 型接頭 43mm 橡皮車輪及一個 N20 萬向輪。

表 A-4　紅外線遙控自走車實習材料表

序號	設備或元件名稱	規格	數量	備註
1	Arduino 控制板	UNO	1	
2	馬達驅動模組	L298 驅動 IC	1	
3	微型金屬減速直流馬達	1:30	2	
4	馬達固定座	N20	2	
5	車輪	D 型接頭 43mm 橡皮車輪	2	
6	萬向輪	N20	1	
7	DC-DC 升壓模組	輸入 3.5-30V,輸出 4-30V/3A	1	使用 LM2577 晶片
8	3 號充電電池(含電池座)	1.2V，鎳氫，2000mAh	4	
9	紅外線遙控器	40mm×85mm / 20 鍵以上	1	38kHz 載波/940nm 波長
10	紅外線接收模組	38kHz 載波、940nm 波長	1	

A-3-4 第 6 章實習材料表

如表 A-5 所示為第 6 章『**藍牙遙控自走車實習**』材料表，包含藍牙模組、Arduino 控制板、馬達驅動模組、馬達組件及電源電路等五個部份。其中馬達組件包含兩個微型金屬減速直流馬達、兩個固定座、兩個 D 型接頭 43mm 橡皮車輪及一個 N20 萬向輪。

表 A-5　藍牙遙控自走車實習材料表

序號	設備或元件名稱	規格	數量	備註
1	Arduino 控制板	UNO	1	
2	馬達驅動模組	L298 驅動 IC	1	
3	微型金屬減速直流馬達	1:30	2	
4	馬達固定座	N20	2	
5	車輪	D 型接頭 43mm 橡皮車輪	2	
6	萬向輪	N20	1	
7	DC-DC 升壓模組	輸入 3.5-30V,輸出 4-30V/3A	1	使用 LM2577 晶片
8	3 號充電電池(含電池座)	1.2V，鎳氫，2000mAh	4	
9	Andriod 手機	Android 系統	1	
10	藍牙模組	HC-05	1	

A-3-5 第 7 章實習材料表

　　如表 A-6 所示為第 7 章『**RF 遙控自走車實習**』材料表，包含 RF 發射電路及 RF 遙控自走車電路兩個部份。RF 發射電路包含十字搖桿模組、RF 發射模組、Arduino 控制板、麵包板原型（proto）擴充板及電源電路等五個部份。RF 遙控自走車電路包含包含 RF 接收模組、Arduino 控制板、馬達驅動模組、馬達組件及電源電路等五個部份。其中馬達組件包含兩個微型金屬減速直流馬達、兩個固定座、兩個 D 型接頭 43mm 橡皮車輪及一個 N20 萬向輪。

表 A-6　RF 遙控自走車實習材料表

序號	設備或元件名稱	規格	數量	備註
1	十字搖桿模組	X、Y 類比輸出，Z 數位輸出	1	RF 發射電路
2	RF 發射模組	315MHz	1	RF 發射電路
3	Arduino 控制板	UNO	1	RF 發射電路
4	麵包板原型擴充板	45mm×35mm	1	RF 發射電路
5	電池	+9V，方型	1	RF 發射電路
6	RF 接收模組	315MHz	1	RF 遙控自走車電路
7	Arduino 控制板	UNO	1	RF 遙控自走車電路

序號	設備或元件名稱	規格	數量	備註
8	馬達驅動模組	L298 驅動 IC	1	RF 遙控自走車電路
9	微型金屬減速直流馬達	1:30	2	RF 遙控自走車電路
10	馬達固定座	N20	2	RF 遙控自走車電路
11	車輪	D 型接頭 43mm 橡皮車輪	2	RF 遙控自走車電路
12	萬向輪	N20	1	RF 遙控自走車電路
13	DC-DC 升壓模組	輸入 3.5-30V,輸出 4-30V/3A	1	RF 遙控自走車電路
8	3 號充電電池(含電池座)	1.2V，鎳氫，2000mAh	4	RF 遙控自走車電路

A-3-6 第 8 章實習材料表

如表 A-7 所示為第 8 章『**XBee 遙控自走車實習**』材料表，包含 XBee 發射電路及 XBee 遙控自走車電路兩個部份。XBee 發射電路包含包含十字搖桿模組、XBee 模組、Arduino 控制板、麵包板原型擴充板及電源電路等五個部份。XBee 遙控自走車電路包含 XBee 接收模組、Arduino 控制板、馬達驅動模組、馬達組件及電源電路等五個部份。其中馬達組件包含兩個微型金屬減速直流馬達、兩個固定座、兩個 D 型接頭 43mm 橡皮車輪及一個 N20 萬向輪。

表 A-7　XBee 遙控自走車實習材料表

序號	設備或元件名稱	規格	數量	備註
1	十字搖桿模組	X、Y 類比輸出，Z 數位輸出	1	XBee 發射電路
2	XBee 模組	ZigBee 技術	1	XBee 發射電路
3	Arduino 控制板	UNO	1	XBee 發射電路
4	麵包板原型擴充板	45mm×35mm	1	XBee 發射電路
5	電池	+9V，方型	1	XBee 發射電路
6	XBee 模組	ZigBee 技術	1	XBee 遙控自走車電路
7	Arduino 控制板	UNO	1	XBee 遙控自走車電路
8	馬達驅動模組	L298 驅動 IC	1	XBee 遙控自走車電路
9	微型金屬減速直流馬達	1:30	2	XBee 遙控自走車電路
10	馬達固定座	N20	2	XBee 遙控自走車電路
11	車輪	D 型接頭 43mm 橡皮車輪	2	XBee 遙控自走車電路

序號	設備或元件名稱	規格	數量	備註
12	萬向輪	N20	1	XBee 遙控自走車電路
13	DC-DC 升壓模組	輸入 3.5-30V,輸出 4-30V/3A	1	XBee 遙控自走車電路
8	3 號充電電池(含電池座)	1.2V，鎳氫，2000mAh	4	XBee 遙控自走車電路

A-3-7 第 9 章實習材料表

如表 A-8 所示為第 9 章『**加速度計遙控自走車實習**』材料表，包含加速度計遙控電路及 XBee 遙控自走車電路兩個部份。加速度計遙控電路包含加速度計模組、XBee 模組、Arduino 控制板、麵包板原型擴充板及電源電路等五個部份。XBee 遙控自走車電路包含包含 XBee 接收模組、Arduino 控制板、馬達驅動模組、馬達組件及電源電路等五個部份。其中馬達組件包含兩個微型金屬減速直流馬達、兩個固定座、兩個 D 型接頭 43mm 橡皮車輪及一個 N20 萬向輪。

表 A-8　加速度計遙控自走車實習材料表

序號	設備或元件名稱	規格	數量	備註
1	加速度計模組	MMA7260 / MMA7361	1	加度計遙控電路
2	XBee 模組	3.3V,250Kbps,2mW 輸出	1	加度計遙控電路
3	Arduino 控制板	UNO	1	加度計遙控電路
4	麵包板原型擴充板	45mm×35mm	1	加度計遙控電路
5	電池	+9V，方型	1	加度計遙控電路
6	XBee 模組	3.3V,250Kbps,2mW 輸出	1	XBee 遙控自走車電路
7	Arduino 控制板	UNO	1	XBee 遙控自走車電路
8	馬達驅動模組	L298 驅動 IC	1	XBee 遙控自走車電路
9	微型金屬減速直流馬達	1:30	2	XBee 遙控自走車電路
10	馬達固定座	N20	2	XBee 遙控自走車電路
11	車輪	D 型接頭 43mm 橡皮車輪	2	XBee 遙控自走車電路
12	萬向輪	N20	1	XBee 遙控自走車電路
13	DC-DC 升壓模組	輸入 3.5-30V,輸出 4-30V/3A	1	XBee 遙控自走車電路
14	3 號充電電池(含電池座)	1.2V，鎳氫，2000mAh	4	XBee 遙控自走車電路

A-3-8 第 10 章實習材料表

如表 A-9 所示為第 10 章『**超音波避障自走車實習**』材料表，包含超音波模組、伺服馬達、Arduino 控制板、馬達驅動模組、馬達組件及電源電路等六個部份。其中馬達組件包含兩個微型金屬減速直流馬達、兩個固定座、兩個 D 型接頭 43mm 橡皮車輪及一個 N20 萬向輪。

表 A-9　超音波避障自走車實習材料表

序號	設備或元件名稱	規格	數量	備註
1	超音波模組	5V,2cm~300cm,±15°	1	
2	Arduino 控制板	UNO	1	
3	麵包板原型擴充板	45mm×35mm	1	
4	馬達驅動模組	L298 驅動 IC	1	
5	微型金屬減速直流馬達	1:30	2	
6	馬達固定座	N20	2	
7	車輪	D 型接頭 43mm 橡皮車輪	2	
8	萬向輪	N20	1	
9	DC-DC 升壓模組	輸入 3.5-30V,輸出 4-30V/3A	1	使用 LM2577 晶片
10	3 號充電電池(含電池座)	1.2V，鎳氫，2000mAh	4	

A-3-9 第 11 章實習材料表

如表 A-10 所示為第 11 章『**RFID 導航自走車實習**』材料表，包含 13.56MHz 高頻 RFID 模組、聲音模組、Arduino 控制板、馬達驅動模組、馬達組件及電源電路等六個部份。其中馬達組件包含兩個微型金屬減速直流馬達、兩個固定座、兩個 D 型接頭 43mm 橡皮車輪及一個 N20 萬向輪。

表 A-10　RFID 導航自走車實習材料表

序號	設備或元件名稱	規格	數量	備註
1	RFID 模組	13.56MHz	1	
2	蜂鳴器	它激式	1	
3	Arduino 控制板	UNO	1	

序號	設備或元件名稱	規格	數量	備註
4	麵包板原型擴充板	45mm×35mm	1	
5	馬達驅動模組	L298 驅動 IC	1	
6	微型金屬減速馬達	1:30	2	
7	馬達固定座	N20	2	
8	車輪	D 型接頭 43mm 橡皮車輪	2	
9	萬向輪	N20	1	
10	DC-DC 升壓模組	輸入 3.5-30V,輸出 4-30V/3A	1	使用 LM2577 晶片
11	3 號充電電池(含電池座)	1.2V，鎳氫，2000mAh	4	

A-3-10 第 12 章實習材料表

如表 A-11 所示為第 12 章『Wi-Fi **遙控自走車實習**』材料表，包含 Wi-Fi 擴充板、Arduino 控制板、馬達驅動模組、馬達模組及電源電路等五個部份。其中馬達組件包含兩個微型金屬減速直流馬達、兩個固定座、兩個 D 型接頭 43mm 橡皮車輪及一個 N20 萬向輪。

表 A-11　Wi-Fi 遙控自走車實習材料表

序號	設備或元件名稱	規格	數量	備註
1	Wi-Fi 模組	2.4GHz,SPI 介面	1	
2	ESP8266 Wi-Fi 模組	2.4GHz,串口介面	1	
4	Arduino 控制板	UNO	1	
5	馬達驅動模組	L298 驅動 IC	1	
6	微型金屬減速直流馬達	1:30	2	
7	馬達固定座	N20	2	
8	車輪	D 型接頭 43mm 橡皮車輪	2	
9	萬向輪	N20	1	
10	DC-DC 升壓模組	輸入 3.5-30V,輸出 4-30V/3A	1	使用 LM2577 晶片
11	3.3V 電源模組	輸入 4.75-12V,輸出 3.3V/1A	1	使用 AMS1117-3.3 晶片
12	3 號充電電池(含電池座)	1.2V，鎳氫，2000mAh	4	

Arduino 自走車最佳入門與應用
--打造輪型機器人輕鬆學

作　　者：楊明豐
企劃編輯：王建賀
文字編輯：江雅鈴
設計裝幀：張寶莉
發 行 人：廖文良

發 行 所：碁峰資訊股份有限公司
地　　址：台北市南港區三重路 66 號 7 樓之 6
電　　話：(02)2788-2408
傳　　真：(02)8192-4433
網　　站：www.gotop.com.tw
書　　號：AEH003200
版　　次：2016 年 03 月初版
　　　　　2022 年 05 月初版十刷
建議售價：NT$420

國家圖書館出版品預行編目資料

Arduino 自走車最佳入門與應用：打造輪型機器人輕鬆學 / 楊明豐
　著. -- 初版. -- 臺北市：碁峰資訊, 2016.03
　　面；　公分
　　ISBN 978-986-347-944-4(平裝)
　　1.機器人　2.電腦程式設計
448.992　　　　　　　　　　　　　　　　　　105001562

讀者服務

● 感謝您購買碁峰圖書，如果您對
本書的內容或表達上有不清楚
的地方或其他建議，請至碁峰網
站：「聯絡我們」\「圖書問題」
留下您所購買之書籍及問題。
（請註明購買書籍之書號及書
名，以及問題頁數，以便能儘快
為您處理）
http://www.gotop.com.tw

● 售後服務僅限書籍本身內容，若
是軟、硬體問題，請您直接與軟、
硬體廠商聯絡。

● 若於購買書籍後發現有破損、缺
頁、裝訂錯誤之問題，請直接將
書寄回更換，並註明您的姓名、
連絡電話及地址，將有專人與您
連絡補寄商品。